Kevyn Matthews

Matthews kocht für Hunde

Rezepte aus der Spitzenküche

Kynos

Konrad-Zuse-Straße 3 • D-54552 Nerdlen / Daun
Telefon: 06592 957389-0
www.kynos-verlag.de

Titel der amerikanischen Originalausgabe: Becoming a Dog Chef. Stories and Recipes to Spoil Your Pup from America's Top Dog Chef.

Aus dem Englischen übersetzt von Cäcilie Föhrenbach

Gedruckt in Lettland

ISBN 978-3-95464-283-0

Bildnachweis:
Alle Fotos Adobe Stock / Mango Publishing außer:
Titelfoto: Mango Publishing
S. 6: Mango Publishing
Adobe Stock: S.30: Artur Novak-adobe.stock.com; S. 59: blickwinkel2511-adobe.stock.com; S. 106: zontica-adobe.stock.com; S. 114: monticellllo-adobe.stock.com; S. 126: ArtSys-adobe.stock.com; S. 148: oxxyzay-adobe.stock.com; S. 166: Jiri Hera-adobe.stock.com; S. 174: Yaruniv-Studio-adobe.stock.com

KYNOS STIFTUNG

Mit dem Kauf dieses Buches unterstützen Sie die Kynos Stiftung
Hunde helfen Menschen. www.kynos-stiftung.de

Inhaltsverzeichnis

Über den Autor ... 7

Kapitel 1

Die Geschichte von Greta ... 8

Kapitel 2

Grundausstattung für den Hundekoch ... 26

Werkzeuge / Hilfsmittel ... 27

Kapitel 3

Verdauung und Immunsystem ... 35

Kapitel 4

Was Hunde fressen dürfen und was nicht ... 41

Dinge, die Ihr Hund niemals konsumieren sollte ... 42

Wie man Erbrechen herbeiführt, wenn Schokolade oder andere Toxine konsumiert wurden ... 48

Pflanzen, die Ihr Hund nicht fressen sollte ... 49

Obst und Gemüse, das Ihr Hund essen kann und sollte! ... 53

Kapitel 5

Nahrung sei deine Medizin ... 61

Müsliriegel mit Chia, Leinsamen und Kürbiskernen ... 65

Hanf-infundiertes Kokosnussöl ... 70

CBD-Brownies ... 72
Gummibärchen aus Fisch- (oder Krill-) Öl ... 74
Kokosnuss-Booster-Schokoriegel ... 77
Öle ... 79
Kräuter und Gewürze, die Sie und Ihr Hund kennen sollten ... 80

Kapitel 6

Zubereitung von Frischfutter ... 85

Vorteile der Rohfütterung ... 90
Warum rohe Knochen? ... 92
Was ist eine ausgewogene Mahlzeit für meinen Hund und wie stelle ich diese zusammen? ... 94
Hundefutter-Ernährungspyramiden ... 97
Zubereitung von Gemüse und Obst ... 98
Vorbereitung der Proteine ... 99
Mahlzeiten vorbereiten ... 100
Mein erstes Rezept ... 106
Gretas Lieblingsessen mit rohem Hähnchen ... 108
Buddys Beef Stew ... 111
Indus Huhn ... 114
Cocos Lachsgericht ... 116
Coopers Putengericht ... 118
Sushi-Rollen ... 121

Kapitel 7

Leckereien und Festtagsessen ... 126

Weihnachtsplätzchen: Husarenkrapfen oder Engelsaugen ... 127
Leberpastetchen als Pillenversteck ... 129

Kürbis-Haferplätzchen mit Glasur 131
Geburtstags-Cupcakes 135
Johannisbrotchips-Kekse 138
Apfelherzplätzchen 140
Teufelseier 142
In Honig geröstete Kichererbsen 144
Flippiger Fisch 146
Hundefreundliche, klassische Erdnussbutterkekse 147
Doppelter Johannisbrotkuchen 149
Einfaches Frozen-Yogurt-Rezept 151
Brezel mit Grünkohl 153
Wackelpudding 155
Süßkartoffelpommes 157
Joghurtparfait 159
Halloween-Erdnussbutter-Cups 160
Kürbispastetchen 163
Hausgemachte Hühnchen- oder Beef Jerky Belohnungen für Hunde 167
Kürbis-Frozen Yogurt 169
Beeren-Joghurteis 170
Erdnussbutter-Bananen-Joghurteis 171
Frozen Yogurt mit Speck 172
Karottenkuchen 173
Erdbeeren im Johannisbrotmantel 175
Mini-Käsekuchen 177
Extra: Mamas Lachspastete mit Riesenchampignons (nur für Menschen!) 179

Danksagungen 182

THE DOG
CHEF

Über den Autor

Kevyn Matthews begann schon im zarten Alter von zehn Jahren mit der Kochkunst: Er las die Kochbücher seiner Mutter und probierte zu Hause herum. Nach dem Abitur fand er Arbeit als Koch und wechselte in die Gastronomie, wo er vor allem im Catering tätig war. Schließlich zog er nach New York, um seinen Traum einer Musikerkarriere zu verwirklichen, fand sich jedoch abermals in der Küche wieder. Er arbeitete mit einigen der besten Köche der Welt zusammengearbeitet, darunter José Andrés, und kochte am Set für Danny Aeillo, Jane Curtin und Heidi Klum. In seiner New Yorker Zeit fand Kevyn einen Welpen, in den er sich verliebte und den er Greta nannte. Die Erinnerung an die ernährungsbedingten Gesundheitsprobleme, mit denen die Hunde aus seiner Kindheit zu tun gehabt hatten, inspirierte ihn zusammen mit der Liebe zu Greta dazu, möglichst gesunde Mahlzeiten für seinen Hund herauszufinden und zu kreieren. Bald wandten sich andere Hundehalter an Chefkoch Kevyn, um nahrhafte Mahlzeiten für ihre Hunde zu bekommen, und seine neue Karriere als *The Dog Chef* nahm Fahrt auf. Seit er *The Dog Chef* geworden ist, war Kevyn bei den Sendern Animal Planet, Voice of America, DOGTV und zuletzt bei Pet Tales mit Greta Van Susteren zu sehen.

The Dog Chef hat außerdem großen Erfolg mit seinem Hunderestaurant in Baltimore, das all seine fantastischen Kreationen anbietet.

KAPITEL 1

Die Geschichte von Greta

Am 15. Juli 2003 gegen halb acht Uhr abends saß ich in der A-Linie der New Yorker U-Bahn zum Stadtteil Far Rockaway. Ich wollte meinen neuen Welpen vom Flughafen abholen, der mit einem Frachtflug aus Ohio ankommen würde. „Türen schließen, bitte zurückleiben!" Ich hörte, wie sich die Türen der U-Bahn schlossen. Der Zug setzte sich langsam in Bewegung. Auf dem Weg zu unserem Ziel schaukelte mich der Waggon hin und her und ich nickte ein. Ich träumte von den Hunden in meiner Kindheit und davon, wie sehr mein Vater sie geliebt hatte.

Wir hatten damals zwei Dackel, Heidi und Greta. Heidi war die Rotbraune, die ständig Ärger zu bekommen schien, und Greta die Schwarzbraune, die alles richtig zu machen schien. Mein Vater liebte diese Hunde. Sie waren wie seine kleinen Kumpane: Im Haus folgten sie ihm überallhin, besonders wenn er in die Küche ging! Sie schienen nie „Hundefutter" zu fressen oder es zu mögen. Also gab mein Dad ihnen regelmäßig von unserem Abendessen etwas oben auf ihr Futter, um sie zum Fressen zu bewegen. Ohne die Essensreste musste man auf Hände und Knie gehen und vorgeben, man würde ihr Fressen wegessen, damit sie sich dafür interessierten.

Außer, dass sie im Garten spielten, bewegten sie sich nicht viel. Und so legten sie erheblich an Gewicht zu. Sie fraßen buchstäblich das Vier- bis Fünffache dessen, was sie pro Tag an Essensresten hätten zu fressen bekommen sollen; in den Ferien war es definitiv mehr. Nach einer Weile wurden sie fettleibig.

Wir verloren Greta durch einen Herzinfarkt. Nachdem Greta von uns gegangen war, versuchten wir, gesunde Alternativen für Heidi einzuführen und fingen sogar an, mit ihr Gassi zu gehen. Ich fragte mich, was ich tun könnte, damit sie ewig leben würde. Aber noch während Heidi Fortschritte in eine gesündere Richtung machte, begannen sich die Dinge zum Schlechteren zu wenden. Sie weigerte sich, Stufen hinaufzugehen, aber ich trug sie immer und dachte nie darüber nach. Nach einer Weile blieb sie stehen. Als wir sie zum Tierarzt brachten, sagte er: „Ich habe eine Behandlung dafür, aber das Medikament wird irgendwann aufhören zu wirken. Dann kann ich nichts mehr tun."

Mein Vater und ich verließen die Tierarztpraxis und saßen schweigend im Auto. An diesem Winternachmittag wehten Blätter an unserem Auto vorbei, und ich konnte den Wind pfeifen hören. Die Sonne ging gerade unter, und als ich auf die orangefarbenen Wolken starrte, die von dem beruhigend blauen Himmel abstachen, konnte ich die frische Luft durch den Spalt im Fenster riechen. Ich wusste, dass mein Vater ebenso aufgewühlt war wie ich, aber ich wollte nicht, dass er mich weinen sah. Mein Traum, Heidi möge ewig leben, wurde durch die Realität des Kreislaufs des Lebens selbst zum Scheitern verurteilt. Mir war das Herz gebrochen, und ich konnte spüren, wie Dad seine Traurigkeit versteckte, so wie auch ich meine versteckte. Er startete das Auto und fuhr nach Hause, und keiner von uns sagte ein Wort. Als wir nach Hause kamen, aßen wir zu Abend, aber Heidi weigerte sich zu fressen. Das hatte sie noch nie getan. Wir boten ihr alles an, aber sie warf uns nur einen traurigen Blick zu und wandte sich ab, fast, als wäre sie beschämt oder verletzt. Als ich sie fragte, ob sie nach draußen gehen wolle, schien sie munter zu werden, konnte aber nicht laufen. Ich hob sie hoch und trug sie nach draußen und sagte: „Los, Mädchen, mach Pipi." Sie bewegte sich nicht. „Heidi?", fragte ich, als hätte sie mich nicht gehört. Sie drehte den Kopf, und als sie mich ansah, schien es fast, als hätte sie Tränen in den Augen. Ich fühlte ihre an mich gerichteten Gedanken und hörte: „Ich werde dich vermissen." Den Ausdruck auf ihrem Gesicht werde ich nie vergessen. Ich fühlte ihre Traurigkeit, die war, als würde sie eine lange Reise antreten und mich nie wieder sehen.

„Türen schließen – bitte zurücktreten. Nächster Halt: Flughafen JFK", hörte ich, als ich gähnte und aufwachte.

„Verdammt Mann, haben Sie die ganze Zeit geschlafen?", sagte der Mann, der neben mir saß. „Ja, ich muss eingenickt sein", sagte ich, als ich mich im Sitz aufrichtete. „Ja, das passiert in Zug und U-Bahn vielen. Ich hab' mal gehört, das wäre, weil uns das Geschaukel an unsere Zeit im Mutterleib erinnert und beruhigt", sagte er, und lächelte dabei. „Wo geht's denn hin?" „Ich werde meinen neuen Welpen abholen! Meine Dobermann-Hündin", sagte ich aufgeregt, als der Zug seine letzte Haltestelle erreichte.

„Wie wollen Sie sie nennen?", fragte der Mann. „Greta", sagte ich mit einem Lächeln. Ich schnappte mir ihre Decke, ihre Box und ihr Spielzeug und stand auf, um zu gehen, als der Mann sagte: „Viel Glück mit Greta!" Ich dankte ihm und rannte zum Flughafen.

Ich war noch nie am JFK-Flughafen gewesen, also musste ich abrupt stehenbleiben, um herauszufinden, wohin ich überhaupt musste. In der Ferne hörte ich eine Frauenstimme: „Sir?" Ich drehte mich so schnell um, dass ich die Hundespielsachen auf den Boden fallen ließ. Als ich mich bückte, um sie aufzuheben, kam eine ältere Frau auf mich zu. „Es tut mir leid, dass ich Sie erschreckt habe, aber Sie wirken etwas orientierungslos. Kann ich Ihnen helfen?" „Oh ja, hoffentlich! Ich weiß nicht, wo ich hinmuss, aber ich suche den Frachtbereich. Ich muss sie abholen." Das schien sie zu verwirren. „Wer ist sie? Leute werden nicht bei der Fracht abgeholt, Sir." Ich erklärte: „Ich bin hier, um meine Hündin Greta zu holen, und man sagte mir, sie wäre im Frachtbereich!" Ein breites Grinsen breitete sich auf ihrem Gesicht aus und sie sagte: „Oooh!! Wir müssen Greta holen!" Also folgte ich ihr, während sie den Flur entlang rannte. „ MIR NACH!", rief sie, als sie durch den Flughafen eilte. Sie war offensichtlich genauso aufgeregt, mich zu Greta bringen, wie ich mich darauf freute, sie endlich zu sehen. Nachdem sie ungefähr fünf Minuten durch den Flughafen gerannt war und wir zu einer Reihe grauer Doppeltüren kamen, wurde sie langsamer. Die Türen hatten ein Warnschild und sahen aus, als würden sie zur Landebahn führen.

„Gehen Sie durch diese Türen, nach rechts, der Frachtbereich ist in diesem Gebäude, sagte sie. „Okay, haben Sie vielen Dank!" Im Weggehen drehte sie sich um und sagte: „Dieser Hund wird etwas Besonderes, da bin ich mir sicher." „Ich mir auch", antwortete ich.

Als ich durch die Türen ging schaute ich nach links und sah die Flugzeuge parken. Ich empfand diesen Moment als größer als jedes Flugzeug – hier wurde gerade ein Traum wahr! Ich ging durch diese Türen, um Greta abzuholen, und bezwang meine Aufregung. Am Schalter fragte ich den Herrn, ob er mir helfen könnte. „Entschuldigen Sie, Sir, ich bin hier, um eine Fracht abzuholen." Er schaute auf seinen Bildschirm und sagte: „Hier ist noch nichts, bitte nehmen Sie solange Platz." Ich setzte mich hin und entdeckte einen Stapel Zeitschriften. Ich nahm eine davon, blätterte darin herum und dachte dabei an das erste Mal, als ich einen Dobermann gesehen und gewusst hatte, dass ich genau so einen Hund haben wollte. Ich war an einem kalten Sonntagmorgen mit meinem Vater im Auto unterwegs gewesen und wurde wegen meiner schlechten Noten angeschrien. Wütend wie er war, hielt er plötzlich mitten im Satz inne. „Schau dir diese schöne Hündin an", sagte er, bremste und hielt an. „Schau dir ihr Fell an, Mann. Schau dir an, wie stark und stolz sie aussieht, wenn sie geht." Die Leute hatten uns angehupt, weil wir stehengeblieben waren, aber das war ihm egal. „Das ist ein echter Hund, Mann. Das ist ein Dobermann", sagte er stolz. „Schau dir ihren Besitzer an, er kümmert sich mehr um sie als um sich selbst!" Ich starrte auf den Besitzer und den Hund beim Gassigehen und konnte den Stolz in beiden sehen. „Diesen Hunden musst du nichts beibringen, sie werden dich immer mit ihrem Leben beschützen." Dann legte er wieder den Gang ein und fuhr langsam los. Als ich die Hündin anstarrte, wurde mir klar, dass ich genau solch einen Hund haben wollte. (Außerdem vergaß mein Vater das Gespräch über meine schlechten Noten.)

„Ist hier ein Kevyn Matthews?", rief ein Mann. „Das bin ich, Sir", sagte ich und stand auf. „Ein Flugzeug ist gerade gelandet und Ihr Paket ist da", sagte er und drückte auf den Fußschalter, um das Förderband zu betätigen. Karton um Karton kam vorbei, nichts. Dann sah ich eine Kiste mit der Aufschrift: „Lebende Tiere" das Förderband entlangkommen. Und die Kiste bewegte sich! „Was ist das?", fragte er. „Das ist Greta!!", rief ich aus. Ich zog den Umzugskarton vom Band und unterschrieb den Papierkram. Er sagte: „Sie wird etwas Besonderes sein." Ich lächelte nur und sagte: „Ich weiß." Sie musste aus der provisorischen Kiste heraus und hinein in die mitgebrachte Hundebox, also stellte ich alles auf den Boden. „Hallo Schöne", sagte ich. Als ich die Kiste hinstellte, wackelte sie voller Aufregung. Ich öffnete die Kiste, und Greta ging an mir vorbei, um zu urinieren, dann sprang sie aufgeregt an mir hoch. „Hey Mädchen!", sagte ich zu ihr, hob sie hoch und schloss sie in die Arme. „Du wirst dieses Leben lieben!", sagte ich, als ich sie in ihrer neuen Box mit Spielzeug absetzte. Ich stellte ihre Box auf einen Gepäckwagen und schob sie durch den Flughafen. Der Zug war leer, als ich einstieg, füllte sich aber rasch. Ich versuchte mich unauffällig zu verhalten, weil Tiere in der U-Bahn nicht erlaubt sind. Aber als der Zug nach Manhattan hin und her schaukelte, fing Greta an zu winseln. „Shhhh!", sagte ich, aber das schien nichts zu helfen. Ich versuchte es nochmal, was ebenso wenig funktionierte. Es begann mich nervös zu machen, weil alle Leute uns beobachteten. Wider besseres Wissen öffnete ich die Kiste und setzte Greta auf meinen Schoß. Die Reaktion war genau das Gegenteil von der, die ich erwartet hatte – alle im Zug wollten sie anfassen und mir mit ihr alles Gute wünschen. An meiner Haltestelle auszusteigen, war wie das Verlassen des Elternhauses, um aufs College zu gehen: Traurige Verabschiedungen und beste Wünsche für Greta vom Late-Night-Zug Line A nach Far Rockaway.

Als ich an der Ecke 96. Straße und Lex Avenue gegen halb elf nachts aus dem Bahnhof trat, schien es, als wären Greta und ich die Einzigen im Block. Es war eine wunderschöne, klare und sternenklare Nacht. Ich ging so schnell ich konnte nach Hause, um dann vor der Tür stehen zu bleiben und mir selbst „Happy Birthday" zu singen. Ich konnte es kaum erwarten, Greta ihr neues Zuhause zu zeigen.

Sie brauchte eine Weile, um sich an die Stadt zu gewöhnen – sie kam von einer ruhigen Farm und musste sich erst an den Straßenlärm gewöhnen. Ich musste sie spät in der Nacht ausführen, weil der starke Fußgängerverkehr am Tag sie erschreckte. Ich wohnte drei Blocks vom Central Park entfernt, also ging ich mit ihr nach Einbruch der Dunkelheit spazieren, bis es ihr recht war, unter Menschen zu sein. Als sie älter wurde, brachte ich ihr bei, im Park ohne Leine zu laufen. Sie liebte es, frei herumrennen zu können. Sobald Greta sich eingelebt hatte und wohlfühlte, gab es keinen Ort, wohin sie nicht gegangen wäre. Ich nahm sie mit in Geschäfte, durch ganz Manhattan und die Bronx … wir gingen überall gemeinsam hin.

Eines Nachmittags ging ich mit Greta die Lexington Avenue entlang und wir kamen an einer Metzgerei vorbei, als der Eigentümer nach draußen kam und sagte: „Komm her, ich hab' was für sie!" Der Laden war voll frischem Fleisch und Fisch in gekühlten Verkaufsregalen. Der Besitzer, der mit seiner blutbefleckten Schürze hinter der Theke stand, reichte ein Stück rohes Fleisch über die Theke und sagte: „Hier, Mädchen!" Bevor ich ein Wort sagen konnte, verschlang Greta das Ganze. Als wir aus dieser Metzgerei herauskamen, schien sie einen anderen Schwung zu haben. Wir gingen an diesem Tag über fünf Meilen, und es schien ihr nichts auszumachen. Als wir nach Hause kamen und ich sie füttern wollte, weigerte sie sich, das Hundefutter zu fressen. Ich dachte, vielleicht hat sie wegen des Spaziergangs keinen Hunger. Aber am nächsten Morgen passierte das Gleiche und ich machte mir ein bisschen Sorgen, also brachte ich sie zum Tierarzt. Der Tierarzt war in einer Gegend, in der ich noch nie gewesen war, irgendwo westlich der 76. Straße Nähe Broadway. Wie auch immer, ich betrat die Tierarztpraxis und sah erstmal keinen Menschen. Ich ging näher an die Empfangstheke heran und bemerkte eine kleine ältere Frau, die Dr. Ruth Westheimer ähnelte. „Kann ich Ihnen helfen?", sagte sie mit starkem New Yorker Akzent. „Ja", antwortete ich, „mein Hund will nicht fressen, und ich möchte gerne zum Tierarzt." „Wir nehmen keine Laufkundschaft an!", sagte sie. „Wie jetzt, soll ich erst rausgehen und anrufen, um einen Termin zu vereinbaren?", fragte ich. „Nein nein, schon gut, warten Sie einen Moment." Sie ging nach hinten und kehrte mit einem älteren Herrn zurück, der einen Laborkittel trug. „Hier entlang, Sir", sagte er, während er in einen dunklen Untersuchungsraum schlurfte.

Als er diesen betrat, knipste er das Licht ein, was aber nicht viel bewirkte. Es sah so aus, als wäre seit ungefähr 1977 niemand mehr in diesem Untersuchungsraum gewesen. An den Wänden waren überall verteilt alte, wasserfleckige und verblichene Hunde- und Katzenfotos angebracht, der Boden war klebrig und es roch stark nach abgestandenem Hundefutter und Medikamenten. „Was kann ich für Sie tun?", sagte er, als er sich umdrehte und seine Handschuhe anzog. „Sie frisst nicht", sagte ich. „Versuchen Sie mal das", grummelte er und gab mir eine Tüte mit Futterproben. Dann drehte er sich rasch um, einen Nagelschneider in der Hand. „Ihre Krallen müssen getrimmt werden!", rief er aus, packte ihre Vorderpfote und schnitt schnell drei Nägel wirklich kurz. Greta schrie, als Blut aus ihren Pfoten quoll. „Was tun Sie da?!", fragte ich. „Es geht ihr gut", sagte er und tauchte ihre Pfote in blutstillendes Puder. „Das war's", sprach's und ging. Ich saß noch rund eine Viertelstunde da, ohne eine Menschenseele zu sehen. Schließlich ging ich raus, und als auch dort am Empfang niemand zu sehen war, ging ich einfach.

Ein bisschen traumatisiert von diesem Geschehen überlegte ich mir, dass Greta ein paar Leckereien bräuchte und definitiv etwas Neues zum Fressen. Wir gingen zurück zur Eastside (zu diesem Zeitpunkt war Greta schon zu groß, um unbemerkt mit dem Zug zu fahren). Wir gingen zu dieser coolen Zoofachhandlung in der 96. und 2. Straße. Es war ein kleiner Laden, aber vollgestopft mit lauter Leckereien. Ich bat den Angestellten, uns ihr Futter zu zeigen, und er führte uns nach hinten. Als Greta und ich ihm folgten, hielt sie an einer Abteilung an, in der es diese ekelhaft aussehenden Leckereien gab. Füße, Leber, Dörrfleisch, was auch immer – alles was eklig war, befand sich in diesem Gang. Sie schnappte sich etwas, während der Typ mir Futtermittel zeigte. „Das mag sie, oder?", lachte er. „Ja, das tut es. Was ist das?", fragte ich „Ochsenziemer!", lachte er wieder. „Okay, gut, packen Sie es zu den Futterproben und mal sehen, was sie sonst noch mag." Wir gingen durch den Laden, aber nichts anderes schien sie zu interessieren außer diesem widerlichen Gang mit Innereien und getrocknetem Fleisch. Sie zog mich dahin, also nahmen wir die Tüte mit den Leckereien mit nach Hause – und das war alles, was sie fraß. Als ich das Futter in ihren Napf gab, wich sie buchstäblich zurück, als wäre Gift darin. Ich probierte zwei andere Futtersorten, die damals als die besten galten, aber sie reagierte genauso.

Auf dem Weg zurück zur Zoofachhandlung, um die Futtertüten zurückzugeben, setzte ich meine Kopfhörer auf, um Radio zu hören – und erwischte einen Bericht über Futtermittelrückrufe und Todesfälle bei Hunden. Genau die drei Tüten, die ich gekauft habe, standen auf der Liste der zurückgerufenen Futtermittel. Nachdem ich das Futter zurückgebracht hatte, nahm ich Greta mit nach Hause und ging zum Lebensmittelgeschäft, um einzukaufen. „Was fressen Wölfe?", fragte ich mich, während ich den Einkaufswagen füllte. Ich dachte an meine Kindheit, als ich in der Enzyklopädie nach Informationen darüber suchte, wie Hunde ticken, was sie fraßen, welche Rassen es alles gab und woher sie stammten. Ich dachte an Heidi und die erste Greta und daran, wie schlechtes Essen die beiden umgebracht hatte. Ich wollte nicht, dass meine Greta starb. Ich wollte ihr Essen zubereiten, damit sie das bestmögliche Leben führen konnte. Also ging ich durch den Laden und kaufte ein ganzes rohes Hähnchen, Karotten, Brokkoli, Grünkohl, Äpfel und griechischen Joghurt für Gretas erste Mahlzeit.

Als ich mit den Lebensmitteln durch die Tür ging, schien sie sich auf die Tüte mit ihren Essenszutaten zu konzentrieren. Ich musste sie fast abwehren, um in die Küche zu kommen! Da ich das zum ersten Mal machte, war ich etwas ratlos. „Soll ich das Huhn aufschneiden? Was mache ich mit dem Gemüse? Wird sie das umbringen?" Sie wissen schon, das Übliche, was einem in den Sinn kommt, wenn man ein Kind füttert. Also beschloss ich, dass es am besten wäre, das Gemüse in das Huhn zu schieben, als wäre es ein Thanksgiving-Truthahn, und es mit Joghurt zu toppen. Das klingt doch sinnvoll, oder? Vergessen Sie den Teller – legen Sie den Vogel direkt auf den frisch gereinigten Holzboden und schließen Sie sich im Badezimmer ein, bis es vorbei ist. Also ging ich ins Badezimmer, während Greta das Huhn und das Gemüse auf dem Boden erledigte. Knurps. Schnapp. Schmatz. Dann Stille. Ich wartete ungefähr acht Minuten, bevor ich aus dem Badezimmer kam. Ich erwartete ein Chaos, aber was ich sah, war erschreckend: Greta saß auf der Couch und leckte sich die Lefzen, und der Boden war sauberer als vor dem Erlegen des Huhns. Niemand starb, keine Schüsse wurden abgefeuert … das war ein Erfolg! Aber, Moment mal, was war mit den Knochen passiert? Sie hatte alle gefressen!

Je mehr ich ausprobierte, desto lieber mochte Greta es. Es war zugegeben ziemlich ekelhaft zu hören, wie sie durch Knochen knirschte und einen Vogel in Stücke riss, aber das ist anscheinend das, wie es vor der Begegnung der Hunde mit Menschen abgelaufen ist. Soweit ich weiß, hatten Wölfe keine Daumen, um Messer und Gabel zu benutzen, also war nichts Besseres zu erwarten. Greta mochte alles Rohe – Magen, Leber, Füße, Hälse – was auch immer es war, sie liebte es. Ich fing an, mit ihren Mahlzeiten kreativer zu werden und suchte nach Möglichkeiten, für sie Abwechslung in ihre Ernährung zu bringen. Mein Empfinden war, wo ich doch auch nicht jeden Tag das Gleiche aß, warum sollte sie das tun? Ich versuchte, ihr Steak zu geben, aber das ging nicht gut. Sie benutzte es als Kauspielzeug, verstaute es dann heimlich unter einem Sofakissen und sagte es niemandem. Ich dachte, es läge daran, dass sie es nicht mochte, aber ich lag falsch – sie schien einfach nicht zu wissen, was sie damit anfangen sollte. Als ich Hackfleisch probierte, pürierte ich Obst und Gemüse, um es ihr darin unterzuschummeln. Das war der Trick, der den Durchbruch brachte! Sie liebte es! Nachdem sie ihr Abendessen beendet hatte, ging sie immer ins Schlafzimmer und beobachtete Menschen, während sie an meinem Topfbasilikum herumkaute.

Ich bin kein gebürtiger New Yorker – vielmehr ein Transplantat aus Washington DC, einer, der versuchte, als Musiker und Schauspieler zu überleben. Ich nahm alle Jobs an, die ich nur konnte. Ich wechselte von Restaurants zu Film-Catering, um über die Runden zu kommen, aber es war immer noch ein Kampf. Nach einer Weile wurde mir das Leben in New York zu viel, also zogen Greta und ich nach Baltimore.

Es dauerte eine Weile, aber irgendwann hatte ich mich an Baltimore gewöhnt. Es war ein bisschen langsamer – *viel* langsamer – und der Alltag war anders. Die Leute waren etwas freundlicher, und weil es eine typische Arbeiterstadt war, ging es hier nicht darum, mit einer strahlenden Erscheinung aufzufallen. Tagsüber durchstreifte ich mit Greta die Straßen von Baltimore, um die Stadt zu erkunden. Sie war das Gesprächsthema Nummer eins, da es in Baltimore anscheinend sonst keine Dobermänner gab. „Mann ey, ist das ein Dobermann? Ich dachte schon, die wären ausgestorben", hörte ich oft, wenn wir spazieren gingen. Als wir eines Tages unterwegs waren, sprachen mich gleich mehrere Leute an und fragten, was ich Greta füttern würde, weil sie so gesund aussah. „Ich mache das Futter und Leckerli selbst", sagte ich stolz. „Wo kann ich das bekommen?", riefen sie mir hinterher, wenn ich weiterging. Das ging monatelang so, bis es mir in den Sinn kam, dass ich wohl auf etwas gestoßen war. Ich zählte eins uns eins zusammen, setzte mich auf den Hosenboden, um Rezepte und einen Geschäftsplan zu entwickeln.

Anfangs ging ich mit meinen Kreationen zu Hundeveranstaltungen – und wurde ausgelacht. „Das würde mein Hund nie fressen", sagten die Leute, oder „Das ist kein Hundefutter, das ist Menschenessen!" Während jeder so seine Bermerkung kundtat, hatte die Meinung der Hunde für mich das größere Gewicht. Gegen den Willen der Menschen liebten sie nämlich mein Essen! Ich führte Verkostungsveranstaltungen in Wohnanlagen oder Hunde-Tagesstätten durch und fing an, Kundenbestellungen für Futterlieferungen aufzunehmen. Aber weil ich das Gefühl hatte, mehr professionellen Rückhalt zu brauchen, rief ich Tierärzte an und begann mein Sprüchlein mit etwas Angeberei: „Hallo, mein Name ist Kevyn Matthews, auch bekannt als *The Dog Chef* – der Hundekoch. Haben Sie vielleicht Patienten, denen Sie nicht helfen können?", fragte ich. „Was meinen Sie damit?", lautete meistens die Gegenfrage, auf die hin ich dann erklärte, dass ich ein neuer Ernährungsberater für Hunde sei, der sehen wollte, ob er Hunde mit seinem Futter gesundmachen könnte. Die Reaktionen – sowohl die positiven als auch die negativen – überraschten mich. Interessant war, dass sich vor allem ganzheitlich arbeitende Tierärzte mit dem Anspruch, Hunden dauerhaft bei der Überwindung großer Probleme zu helfen, meiner Philosophie anschlossen. Klassisch schulmedizinisch ausgebildete Tierärzte aber, die nur künstliche Medikamente verwendeten, wollten eher nichts mit mir zu tun haben. Gut, das war ein Hindernis, aber das hielt mich nicht davon ab, über die hingehaltene Stange zu springen. Tatsächlich brachte es mich letzten Endes dazu, nicht nur Hindernisse zu überwinden, sondern auch Brücken zu bauen, um Tierärzte und ihre Kunden zu einem gesünderen, glücklicheren Leben für die Hunde zu führen.

Ich wurde schnell zum Stadtgespräch. „Wer ist dieser Hundekoch-Typ?" „Wo kommt er her?" Ungefähr sechs Monate, nachdem ich in Baltimore war, erhielt ich einen Anruf aus dem Büro des Baltimore-Magazins. „Ist da der Dog Chef?", fragte der Mann am Telefon. „Wir finden, was du machst, großartig und wollen eine Geschichte darüber machen!" „Äh, okay", sagte ich nervös. „Prima! Dann sehen wir uns in zwei Wochen für ein Interview." Ich erstarrte für einen Moment zu Eis… um dann laut „Jippiieh!" zu jubeln.

Es passierte also tatsächlich. Es ging los, hier und jetzt. Ich setzte mich hin und dachte über die Möglichkeit nach, dass das hier ein echtes „Ding" sein könnte. Wie cool es wäre, den Weg konsequent weiterzugehen: ein Zoofachgeschäft, das eher einem Restaurant mit frischem Futter und Leckereien ähneln sollte.

Nach dem Artikel im Baltimore-Magazin ging es etwas schneller. Die Leute wurden aufmerksam, aber das war erst der Anfang. Nachdem ich etwa ein Jahr in Baltimore verbracht hatte, verspürte ich das Bedürfnis, nach Washington DC zurückzukehren. Ich suchte nach einer Wohnung, in der Hunde erlaubt waren, aber es gab nur sehr wenige Vermieter, die gewillt waren, einen Dobermann aufzunehmen. Schließlich fand ich eine Bleibe oberhalb von Georgetown in einem Viertel namens Glover Park an der Tunlaw Road, gleich hinter der russischen Botschaft. Wir liebten die Gegend. Es gab viele coole Orte zum Spazierengehen und Besuchen, und ich fühlte mich in DC wirklich zu Hause. Es war mein Geburtsort, in dem ich gelebt hatte, bevor ich nach New York City gezogen war.

Ich fand einen Job in einem Fitnessstudio. Ich schlief kaum, da ich nach der Arbeit weiter Werbung machte und über Hundeernährung sprach. Jedes Wochenende trat ich in Tierarztpraxen und auf Hundeveranstaltungen auf, um über die Bedeutung von gesundem Hundefutter zu sprechen und gewann neue Kunden. Nach einer Weile begann dieser stramme Zeitplan mich aber zu zermürben, also beschloss ich, mich ganz auf meinen Traum des Hunderestaurants zu konzentrieren. Um meinen Einkommensverlust durch den gekündigten Job auszugleichen, fing ich an, Leckerlitüten herzustellen und sie auf Veranstaltungen zu verkaufen. Ich hatte Johannisbrotkekse, die wie Schokoladenkekse aussahen, Flachsnusskekse, Apfelflachskekse und Grünkohlbrezeln. Ein paar waren aktualisierte Rezepte aus meiner Jugend, andere waren neu. Am Anfang verkauften sie sich nicht, weil sie total gefährlich aussahen. Sie waren alle köstlich – aber wie Sie sich vorstellen können, musste ich mit meinem Einkommensverlust so manches Mal selbst eine Tüte Hundeleckerlis zu Abend essen.

Als ich gerade dabei war, für eine Veranstaltung zusammenzupacken, klingelte das Telefon. „Hallo", sagte ein Mann über eine schlechte Verbindung. „Ich suche den Dog Chef." „Ja, das bin ich, Sir!", antwortete ich. „Ich rufe vom Sender *Animal Planet* an und würde für *Dogs 101* gerne eine Geschichte über Sie machen. Wir finden, das wäre prima fürs Fernsehen." „Was?!", schrie ich und ließ den Hörer fallen. Als ich ihn wieder in der Hand hatte, hörte ich sein Lachen und stimmte mit ein. Wir unterhielten uns eine Weile, dann bat er um meine E-Mail-Adresse, um den Vertrag und die Drehtermine zu schicken. Als er fertig war, sagte er: „Mach dir keine Sorgen, Kev, es wird Spaß machen. Alles andere Fernsehen ist Bullshit, aber wir machen dich zum Star!" und legte auf. Heiliger Strohsack. Ernsthaft, ich war geschockt. Ich sah zu Greta hinüber und es sah aus, als würde sie mich anlächeln. „Das habe ich alles dir zu verdanken. Ich hab dich furchtbar gern, Greta!!", sagte ich und umarmte sie. Ich griff in meine Kiste, warf eine ganze Handvoll Leckerlis auf den Boden und sagte: „Herzlichen Glückwunsch an uns!" Als ich die Schachtel aufhob und zur Tür ging, drehte ich mich zu ihr um und sah, dass sie die Leckerlis nicht angerührt hatte. Sie setzte wieder diesen Blick auf. „Wir haben es geschafft", schien sie zu sagen. „Wir haben es geschafft." Ich ging hinaus und hielt für eine Sekunde inne. Irgendwie fühlte es sich ein bisschen irre an, dass wir eine solche Verbindung hatten, dass sie mich anstarren und ich sie „hören" konnte. Aber Angst machte mir das keine. Es fühlte sich an, als würde sie mich irgendwohin führen, wo ich oder wo wir hinsollten.

In den nächsten Monaten warteten Greta und ich gespannt auf unser Fernsehdebüt. „Vergiss nicht, mich auf Animal Planet zu gucken", sagte ich zu irgendwelchen Leuten, als wäre ich in mehr als einer Folge zu sehen. Als die Sendung ausgestrahlt wurde, war es, als hätte mich ein Zauberstab berührt und jeder hätte es gesehen. Trotzdem brachte das über Monate keinen Umsatz hervor und ich war schon so weit, dass ich aufhören wollte. Als ich eines Nachmittags zum Briefkasten ging, winkte mir darin auch noch ein Räumungsbescheid für die Wohnung entgegen. Mein Vermieter hatte seit zwei Monaten keine Miete mehr bekommen und fand das nicht mehr lustig. Schockiert ging ich wieder hinein und an Greta vorbei, ohne sie zu beachten. In dem Moment klingelte das Telefon und ich rannte durch die Wohnung, um es zu holen. „Hallo?" antwortete ich leicht außer Atem. Mein älterer Bruder war dran, mit dem ich eine Weile nicht gesprochen hatte. Weil ich das jüngste von drei Kindern bin, habe ich meinen Bruder immer vergöttert. „Hey Man, Mom hat mir von der Fernsehsache erzählt. Ich bin sehr stolz auf dich!", sagte er. „Ich glaube, du bist da echt an was Großem dran, Alter!" Aber als ich mit ihm reden wollte, kamen mir plötzlich die Tränen hoch und ich wollte nicht, dass er das hörte. „Ich rufe Dich zurück", sagte ich abrupt. Als ich auflegte, überrollte mich eine Lawine der Gefühle. Ich zerriss meine Post und warf Papiere herum, während ich fluchte und weinte. Ich freute mich, von meinem Bruder zu hören, aber ohne Umsatz, mit einem Räumungsbescheid und offensichtlich dem Ende meines Traums, noch ehe dieser auf den Fernsehbildschirm kam, war ich deutlich über mein Limit hinausgekommen. Als ich schluchzte und die Papierblätter durch die Luft flogen, bemerkte ich Greta. Sie hatte sich nicht gerührt, seit ich grob und ohne jede Aufmerksamkeit für sie an ihr vorbeigeprescht war. Die Papiere schienen wie Regen in Zeitlupe zu fallen, als sie dastand und mich ansah. „Ich bin ein Versager", rief ich, als ich auf die

Knie fiel. „Ich werde nie was werden, und das wird nie funktionieren." Sie bewegte sich nicht, sie starrte mich nur mit diesem Blick an. „Wenn Du aufhörst, werden sie sterben", sagte sie. Ich hörte sofort auf zu weinen und stand auf. Ihre Augen hielten den Kontakt mit meinen, und als ich mir das Gesicht abwischte, hörte ich: „Wir haben Arbeit zu erledigen." Ich fühlte etwas. Ich weiß nicht, ob es ein Stoß oder Schubs war, aber ich fühlte es. Die Traurigkeit in meinem Herzen schien dahinzuschmelzen, und meine Brust füllte sich mit einem Gefühl von Stolz und Vertrauen. „Jetzt hab ich's", sagte ich. Ich packte die Sachen zusammen, von denen ich wusste, dass sie wichtig genug waren, um sie mitzunehmen, und von diesem Moment an wich Greta nie mehr von meiner Seite. Nicht einmal beim Benutzen des Badezimmers.

Die nächsten paar Jahre, in denen wir unserem Traum hinterherjagten, waren harte Jahre. Wir zogen von einem Ort zum anderen. Am Ende wohnte ich für eine Weile wieder bei meiner Mutter, bis ich mir eine neue Wohnung leisten konnte, spielte aber mit dem Gedanken, nach New York zurückzukehren. Mama war, soweit ich mich zurückerinnern kann, nie ein großer Hundemensch. Sie hatte als Kind Hunde, aber ich glaube, sie litt unter den Erfahrungen, die sie mit den nicht stubenreinen Hunden meiner Kindheit gemacht hatte. Nun war Greta auch kein Dackel – sie war ein 40-Kilo-Dobermann und wirkte auf Nicht-Hundemenschen etwas bedrohlich. Aber von Mama wurde sie vergöttert. Sie behandelte die Möbel mit Respekt, sie pinkelte nicht auf den Boden und Mama wusste, dass sie sicher im Haus war, wenn ich Greta bei ihr ließ. Greta begann jetzt ein wenig zu altern, was aber kaum zu sehen war. Sie hatte ein paar graue Haare an der Schnauze, aber immer noch diesen gleitenden Gang, wenn wir spazieren gingen. Wir genossen jeden Morgen vor unserem Spaziergang einen Smoothie, und manchmal machte ich ihr um die Mittagszeit einen Salat als Snack. Ja, einen Doggie Caesar Salat. Klingt verrückt, aber das alte Mädchen liebte das.

Mit der Zeit wollte Greta mit niemandem außer mir allein bleiben. Wenn ich sie zu lange bei Mama ließ, winselte sie, hielt sie wach und schien allgemein unglücklich zu sein. „Sie will nirgendwo anders sein als bei dir!", sagte Mama.

Also nahm ich sie mit auf meine Lieferungen nach New York, und sie war meine verlässliche Begleiterin. Ich fuhr einen 1998er VW Käfer ohne Heizung, und Greta saß jedes Mal auf dem Beifahrersitz, als wäre sie meine offizielle Assistentin. Ich hatte das Gefühl, unter ihrer Leitung zu fahren.

Je öfter wir nach New York reisten, desto bekannter wurden wir. Es war fast so, als wären wir berühmt, und für mich war Greta der Star. Wir waren wieder bei Animal Planet, bei großen New Yorker Sendern und lokalen Nachrichtensendungen in Baltimore und Washington, um über Hundeernährung zu sprechen. Wir waren Feuer und Flamme, und schließlich waren alle Augen auf uns gerichtet. Die Welt war bereit für diese neue, angesagte Futter- und Genussphilosophie, und es sah so aus, als ob Greta und ich vielleicht bald unsere eigene Show haben könnten. Kaum hatte ich diesen Gedanken gefasst, riefen auch schon Fernsehproduzenten an und ein Angebot war besser als das andere.

Das war alles sehr spannend, aber in dieser Zeit begann ich, mir Sorgen um Greta zu machen. Auf den Reisen nach New York saß sie nicht mehr die ganze Fahrt lang wie sonst, sondern legte sich hin. Einmal fuhren wir schon früh am Morgen los und kamen nach einer Tagesreise bei Mama an. Während ich in ihrer Küche saß, bekam ich eine E-Mail von Animal Planet mit der Anfrage, ob ich für ihre Release-Party in Manhattan ein Halloween-Geisterhaus aus Leckereien bauen könnte. Aufgeregt antwortete ich sofort, dass das natürlich kein Problem sei. Als wir später da saßen, sah ich zu Greta hin und bemerkte, dass sie ihren Kopf tiefer hielt und weniger Energie ausstrahlte als sonst.

Ich nahm die Leine und legte sie ihr um den Hals, aber sie sprang nicht wie gewöhnlich auf. Ich stupste sie an und sie sprang auf, schwankte aber ein wenig. „Geht es ihr gut?", fragte Mama. „Ich weiß nicht, das hat sie noch nie gemacht." Ich spürte einen leichten Widerstand an der Leine, zog aber daran. „Komm schon, altes Mädchen", sagte ich, als wir durch die Tür gingen. Als die Sonne unterging, gingen wir über den Rasen zu einer Bank, an der sich immer die Hundebesitzer versammelten. Normalerweise rastete Greta immer aus, wenn die anderen Hunde sie anbellten – aber nicht so heute. Langsam ging sie in die Mitte des Kreises, den die anderen Hunde bildeten, und senkte den Kopf. Die anderen Hunde gingen ruhig auf sie zu und begannen sie sanft mit der Schnauze anzustupsen und zu lecken, was sie erwiderte. „Ist alles in Ordnung? Ich habe noch nie gesehen, dass sie sich so verhält", sagte eine Frau. „Ich weiß nicht. Ich glaube, sie fühlt sich nicht ganz wohl." Als die Hunde aufhörten, sie zu lecken, wich sie aus dem Kreis zurück und ihre Hinterbeine gaben nach, aber sie stand sofort wieder auf und drehte sich um, um zum Haus zu gehen. Als wir langsam zurückgingen, schaute ich auf sie herunter und sie schien völlig verändert zu sein. Die Haut an ihrem Hals schien zu erschlaffen und sie sah hundert Jahre älter aus. Es fühlte sich an, als wäre jeder Schritt, den sie machte, eine Ewigkeit. Als wir hereinkamen, bemerkte ich, dass meine Mutter verängstigt aussah. „Was ist los mit ihr?" Sie weinte. „Ich weiß es nicht, Mama, aber ich muss sie so schnell wie möglich zum Tierarzt bringen."

In diesem Moment fing sie an, ein bisschen zu wanken. „Sie ist nicht sie selbst, Ma", sagte ich, als ich ihre Hüfte berührte. Als ich Druck auf ihre Hüfte ausübte, fiel sie auf die Seite. „Oh mein Gott!", rief Mama aus, als Greta auf dem Boden aufschlug. Mit Tränen in den Augen hob ich sie hoch und legte sie auf mein Bett. Sie atmete und war wach, aber ich wusste, dass ich schnell handeln musste. Ich rannte in Mamas Zimmer, um das Telefon zu holen und den Tierarzt anzurufen. „Hallo, wir haben einen Notfall. Ich weiß nicht, was los ist, aber ich muss sie sofort bringen." Mit Leine und Halsband in der Hand, dem Tierarzt am Telefon und Tränen in den Augen rannte ich in mein Zimmer, um ihr das Halsband anzulegen. Als ich sie anziehen wollte, wurde ihr Kopf schlaff. Sie war gegangen.

Ich hatte jegliche Motivation verloren, irgendetwas im Zusammenhang mit Hunden zu tun, aber ich hatte mich bereits für diese Veranstaltung angemeldet, und meine Kreation sollte der Mittelpunkt des Abends sein. Die Veranstaltung fand an Halloween in Manhattan statt, und ich hatte wie gesagt den Auftrag, ein Spukhaus aus Hundeleckerlis zu bauen. Bis drei Tage vor der

Veranstaltung hatte ich alles versucht, aber nichts an diesem Projekt funktionierte, wie es sollte. Der Teig misslang und nichts hielt richtig, also warf ich alles weg. Ich rief den Promoter an und erzählte, was los war, und wir einigten uns darauf, dass der Sender bis zum nächsten Tag eine Kiste Leckerlis besorgen würde, damit ich das Spukhaus vollenden könnte. Als diese am nächsten Morgen ankamen, waren alle Kekse darin beschädigt. Ich geriet in Panik. Ich hatte überhaupt keinen Plan mehr, wie ich dieses Projekt noch zu Ende bringen sollte, und es blieb nur noch eine Nacht dafür.

Ich versuchte, an etwas Unheimliches zu denken, und das einzige Haus, das mir in den Sinn kam, war Bates Motel aus Hitchcocks *Psycho*. Ich hatte den Film als Kind nur zwei Mal gesehen, also musste ich nach Fotos suchen. Mit meinen Werkzeugen in der Hand machte ich mich an die Arbeit. Als ich so beschäftigt war, hörte ich plötzlich ganz schwach das Klingeln von Gretas Halsbandmarken, wie es früher geklungen hatte, wenn sie zu mir gerannt kam. „Greta?", fragte ich, bekam aber keine Antwort. Als ich mich wieder hinsetzte, spürte ich, wie etwas mein Bein streifte, und ein Gefühl von Wärme breitete sich im Raum aus. Ich *wusste*, dass sie es war und ich wollte nicht, dass sie wieder ging, also sagte ich nichts und fing einfach an zu machen. Um vier Uhr morgens, nachdem ich acht Stunden ununterbrochen gearbeitet hatte, war ich fertig. Ich war erschöpft und ging nach draußen, um eine Pause zu machen. Als ich durch die Glastür hinausging, bemerkte ich zwölf Rehe, manche standen, manche lagen, aber alle schauten mich an. Eines nach dem anderen drehten sie sich langsam um und ging davon. Als ich wieder ins Haus kam, war die Wärme, die ich gespürt hatte, während ich die ganze Nacht gearbeitet hatte, scheinbar verschwunden, aber an ihre Stelle traten unerklärliches Vertrauen, Glauben und Zielstrebigkeit. Einen Monat darauf wurde ich gebeten, ein Thanksgiving-Rezept für das Woman's Day-Magazin zu machen und es folgte eine VIP-Einladung für eine Kreation von Geschenktüten für Beth Sterns Weihnachts-Bulldoggen-Event. Dort hatte ich das Glück, den legendären Rapper und Schauspieler Ice-T zu treffen und ihm persönlich meine revolutionären CBD-Leckerlis für seinen Hund überreichen zu können.

Mit meinem Leben ging es also stetig bergauf, aber es fehlte definitiv etwas. Ich vermisste einen Hund in meinem Leben, hatte aber das Gefühl, Greta niemals ersetzen zu können. Nach ungefähr einem Jahr bekam ich einen Anruf von der Züchterin, von der ich damals Greta bekommen hatte. „Hallo Kevyn, ich weiß, wir haben uns eine Weile nicht gesprochen, aber ich habe einen ganz besonderen Hund", sagte sie. „Sie stammt aus Gretas direkter Linie und ich wollte sie eigentlich selbst behalten, aber das geht nun doch nicht." Ohne zu zögern sagte ich: „Ich nehme sie!" „Du wirst sie lieben", sagte sie. „Sie ist etwas Besonderes." Ich fuhr nach Ohio, um sie abzuholen, und auf dem Heimweg schlief sie auf der Rückbank. „Du heißt Heidi!", sagte ich, als sie munter wurde und aus dem Fenster schaute. Sie verhielt sich die ganze Reise über ruhig. Ich wollte, dass meine Mutter den Welpen sah, also hielt ich auf dem Rückweg bei ihr zu Hause an. „Wir sind DA!", rief ich, als ich in die Einfahrt einbog. Heidi gähnte, streckte sich und stieg aus dem Auto, und als wir zur Tür meiner Mutter gingen, merkte ich, wie entspannt sie war. „Guck sie dir an!", sagte Mama begeistert. „Sie ist zum Verlieben!" Als wir durch die Tür gingen, bemerkte ich, dass Heidi stehenblieb, zur Seite ging, sich hinsetzte und nicht mehr bewegte. Dann legte sie sich mit erhobenem Kopf an genau dieser Stelle hin. Als ich zu ihr ging, bemerkte ich, dass sie auf Gretas Halsband lag. Ich war sprachlos und von Emotionen überwältigt.

„Sie war dein Schutzengel, mein Junge. Sie ist nur geblieben, um ganz sicher zu sein, dass es dir gut geht. In dem Moment, als sie wusste, dass du stark genug bist, um allein klarzukommen, ist sie weitergezogen", sagte meine Mutter, die hinter mir stand. Dann lächelte sie und sagte: „Aber so wie dieser Hund hier aussieht, ist sie noch nicht fertig mit dir."

KAPITEL 2

Grundausstattung für den Hundekoch

Als ich damals damit anfing, Futter für Hunde selbst zuzubereiten, stand mir die Küche meiner Mutter mit all ihren netten, kleinen Küchenutensilien zur Verfügung. Zusätzlich hatte ich ihre sämtlichen Koch- und Lehrbücher gelesen, die mir halfen, ein besserer Koch zu werden. Aber auch wenn Sie nicht über all diese Hilfsmittel und Geräte oder ein umfassendes Wissen über die Herstellung von Hundefutter und Leckerlis verfügen, ist das in Ordnung. Ich werde Ihnen alles Nötige beibringen, damit Sie Ihre eigenen Futter und Leckerlis kreieren können!

Falls Sie ein Neuling im Kochen sind: Für den Anfang brauchen Sie nur wenige Dinge. In den meisten Küchen ist die Grundausstattung, die Sie brauchen, bereits vorhanden. Um genau zu sein, benötigen Sie einen funktionierenden Backofen, eine Spüle mit fließendem Wasser und einen funktionierenden elektrischen oder Gasherd. Dazu eine einigermaßen positive Einstellung zum Ergebnis, und zwar unabhängig von Ihrer bisherigen Erfahrung in der Küche. Sie machen das Ganze für Ihren Hund, und wenn Ihnen die Zubereitung Angst macht, kann es gut sein, dass er das von Ihnen zubereitete Futter nicht mag, weil es genau diese negative Energie enthält. Entspannen Sie sich also. Ich weiß, auch das kann manchmal anstrengend sein. Aber Sie tun es Ihrem Hund und seiner Gesundheit zuliebe. Sie müssen natürlich andererseits nicht erst noch Salbei verbrennen oder andere Rituale zelebrieren, bevor Sie anfangen. Begeistern Sie sich nur dafür. Es wird Spaß machen, und Ihr Hund wird Sie dafür lieben. Legen wir los!

Werkzeuge / Hilfsmittel

Wenn ich darüber nachdenke, welche Ausstattung Sie für eine mehr oder weniger regelmäßige Zubereitung benötigen, dann sind dies die folgenden Dinge:

* Küchenmaschine
* ein oder mehrere Profimesser
* Messbecher
* Rührlöffel
* Rührschüsseln (am besten ein Set mit verschiedenen Größen)
* Cupcake-Backformen
* Spritztüte und Tüllen zum Dekorieren von Kuchen
* Vakuumierer und Beutel
* Pergamentpapier
* Schneidbrett
* Backblech
* Kochschürze, wenn Sie „nach was aussehen wollen", LOL!

Küchenmaschine

Das erste, was Sie brauchen, ist eine wirklich gute Küchenmaschine. Ich habe im Laufe der Zeit eine Menge davon ausprobiert, bevor mir klar wurde, dass man sein Geld nur einmal ausgeben muss, wenn man es gleich in eine gute Maschine investiert, also rate ich auch Ihnen dazu. Zwar sind die Profimaschinen teurer, aber sie haben längere Garantielaufzeiten, bessere Klingen und sind quasi unkaputtbar. Da dies Ihr wichtigstes Gerät ist, sollten Sie zwischen einhundert und fünfhundert Euro für ein anständiges Gerät ausgeben, das auch Knochen mahlen können soll. Ich empfehle Ihnen den Kauf einer Robot Coupe-Küchenmaschine. Meine habe ich seit über zehn Jahren, und sie arbeitet immer noch bestens. Halten Sie bitte die Klinge, die wie ein Besteckteil ist, scharf, und stecken Sie niemals Ihre Hände oder etwas anderes in eine Küchenmaschine, während sie eingeschaltet ist. Ich weiß ja, dass Sie nicht so dumm sind, sowas zu tun, aber irgendjemand ist es eben doch, und dieser Jemand liest dies vielleicht gerade.

Profimesser

Für Messer brauchen Sie keine Unsummen auszugeben. Besorgen Sie sich einfach scharfe mit einem angenehmen Gewicht und achten Sie darauf, dass sie gut in der Hand liegen. Nichts hält einen schneller vom Dazulernen ab als das Hantieren mit Werkzeugen, die man nicht mag. Probieren Sie ein Set aus, das Messer in allen Größen sowie Schäler, Melonenausstecher, einen Apfelausstecher, eine Fleischschere und einen Schärfer enthält. Halten Sie Ihre Messer immer sauber und scharf – stumpfe Klingen sind schwieriger zu handhaben und man kann sich damit schnell einen unschönen Schnitt zufügen. Wir wollen lieber Spaß haben und uns vom Krankenwagen fernhalten, oder?

Da wir gerade über Messersicherheit sprechen: Hier ein allgemeiner Crashkurs in richtiger Technik und Umgang mit dem Messer. Ein Profimesser ist das meistgenutzte Werkzeug im Arsenal eines jeden Kochs. Und das Beherrschen des Profimessers ist das erste, was man in einer Kochschule beigebracht bekommt. Der Grund dafür ist, dass man seine Geschwindigkeit und Technik von Grund auf richtig aufbauen muss. Ist das nicht der Fall, kann es zu schlechten Gewohnheiten führen, die Verletzungen, Ineffizienz oder andere Nachteile zur Folge haben können. Da wir Hundeköche sind, ist Geschwindigkeit nicht so wichtig.

Als ich das Kochen anfing, ernst zu nehmen, hatte ich, was den Umgang mit dem Messer anging, so einige schlechte Angewohnheiten von unsachgemäßer Handhabung, von falscher Handhaltung bis hin zu falscher Hackbewegung. Ich musste das Schneiden mit einem Messer neu lernen und es fühlte sich wirklich an, als würde ich meine linke Hand benutzen. Es dauert mindestens sechs Monate, um ein gutes Gefühl für die richtige Profimessertechnik zu bekommen. Aber geben Sie nicht auf, auch Sie bekommen das hin!

Ein Profimesser hat eine breite, spitz zulaufende Form und eine feine, scharfe Kante. Die Klinge hat eine Länge von 15 bis 30 cm und misst an der breitesten Stelle zumindest knapp 4 cm. Es wurde dafür entwickelt, um auf einem Schneidebrett zu wiegen und so Lebensmittel zu schneiden.

Wie man ein Profimesser hält

Für die Nicht-Messer-Hand:

- Ihre Finger sind eingerollt gebogen, um Ihre Fingerspitzen zu schützen.
- Ihr Daumen und kleiner Finger liegen hinter Ihren anderen Fingern.
- Die Seite der Klinge (aber nicht die Kante) ruht auf den mittleren Knöcheln Ihrer Nicht-Messer-Hand. So verhindern Sie, dass das Messer auf Ihre Finger fällt. Es hilft Ihnen auch, die Größe der Schnitte zu messen, wenn Sie Ihre Hand nach jedem Schnitt auf dem Essen nach hinten bewegen, um sich auf den nächsten vorzubereiten.
- Schnitte werden mit einer Schaukelbewegung von der Spitze bis zum Ende der Klinge nach unten ausgeführt. Das Messer wird nicht durch Lebensmittel hin und her gesägt.

Für die Messerhand:

* Schauen Sie, dass Daumen und Zeigefinger die Klinge direkt hinter dem Griff greifen. Dies hilft, das Messer zu einer Verlängerung Ihres Arms zu machen und gibt Ihnen eine bessere Kontrolle und Präzision beim Schneiden.

* Die Spitze der Klinge bleibt in Kontakt mit dem Schneidebrett. Die Klinge wird auf und ab bewegt, bis die Lebensmittel auf die gewünschte Größe zerkleinert sind.

* Um zu verhindern, dass Gemüse und Obst auf Ihrem Schneidebrett verrutschen, halbieren Sie es, bevor Sie es weiter schneiden oder hacken. Dies hilft, es fest auf Ihrem Schneidebrett zu verhaften und schützt vor Schnittverletzungen.

Welche Kochmessergröße benötigen Sie?

Kaufen Sie sich ein gutes Messerset mit mehreren Größen, das Ihren Bedürfnissen gerecht wird. Die Verwendung eines zu kleinen Messers ist gefährlich, wenn Sie versuchen, etwas Großes zu schneiden, da das Messer abrutschen und durch Ihre Hand gehen kann.

Worauf Sie beim Kauf eines Messersets achten sollten:

* Liegen die Messer gut in der Hand?

* Können Sie beim Ausführen von Schneide- und Hackbewegungen leicht handhaben?

* Fühlen sich die Klingen solide anstatt leicht und dünn an?

Pflege eines Kochmessers

Im Folgenden finden Sie einige Tipps, um die Lebensdauer Ihres Kochmessers zu verlängern:

* Viele Messerhersteller empfehlen, das Messer nicht in die Spülmaschine zu geben, um eine Beschädigung der Klinge zu vermeiden. Außerdem halten Holzgriffe möglicherweise nicht gut, wenn sie in der Spülmaschine gespült werden. Trocknen Sie das Messer vor der Lagerung immer ab.

* Befolgen Sie die Anweisungen des Herstellers zum Schärfen Ihres Messers. Ein scharfes Messer schneidet nicht nur besser, sondern ist auch sicherer als ein stumpfes Messer. Bei stumpfen Messern besteht die Tendenz, zu viel Kraft aufzuwenden, die Kontrolle zu verlieren und sich zu schneiden.

* Vermeiden Sie das Schneiden auf harten Oberflächen, die die Schneide Ihres Messers stumpf machen, wie z. B. Glasschneidebretter. Weichere Schneidebretter, wie Schneidebretter aus Polyethylen-Kunststoff, sind viel schonender für Messer.

* Bewahren Sie Ihre Messer in einer Art Messerblock oder einem anderen Aufbewahrungssystem auf, das die Klingen voneinander getrennt hält. Werfen Sie sie nicht zusammen in eine Schublade, wo sie gegeneinander stoßen und möglicherweise ihre Klingen beschädigen oder stumpf werden können.

* Stellen Sie immer sicher, dass das Schneidebrett mit einem feuchten Tuch oder Papiertuch rutschfest an der Theke befestigt ist. Es ist gefährlich, wenn sich das Schneidebrett beim Schneiden bewegt.

Messbecher und Löffel

Eines der wichtigsten Dinge beim Backen und Zubereiten von Hundefutter ist die Konsistenz. Messbecher sind zwar wichtig und ein wichtiger Teil bei allem, was Sie hier tun, doch diese brauchen nicht ausgefallen sein. Messbecher und Löffel gibt es in verschiedenen Materialien. Ich bevorzuge Kunststoff gegenüber Metall, da Metall verbeulen und die Messkapazität verändern kann. Plastikversionen von beiden können in jedem Lebensmittel- oder Backwarengeschäft erstanden werden.

Rührlöffel

Rührlöffel sind nicht alle gleich! Es gibt sie in verschiedenen Materialien, Formen, Größen und Farben. Ich bevorzuge im allgemeinen klassische Rührlöffel aus Holz wegen ihrer Stärke und Haltbarkeit. Werden sie jedoch zu lange Feuchtigkeit ausgesetzt, dann werden sie spröde und splittern. Sie benötigen daher etwas mehr Pflege. Kunststoff-Rührlöffel sind auch in Ordnung und leichter zu reinigen als Holzlöffel, aber sie sind manchmal biegsam, wenn sie am günstigeren Ende der Preisskala angesiedelt sind. Metalllöffel wie Suppenlöffel eignen sich gut und stabil zum Mixen, sind aber manchmal zu kurz. Größere Rührlöffel aus Metall kommen für mich definitiv nicht infrage, da sie sich zu leicht verbiegen.

Rührschüsseln

Ich habe festgestellt, dass die beste Art von Rührschüsseln Edelstahlschüsseln in Profiqualität sind. Man kann kleines bis große Sets dieser Schalen kaufen. Diese sind in jeder gewerblichen Küche selbstverständlich vorhanden und ein komplettes Set können Sie in einer Vielzahl von Anwendungen verwenden. Edelstahlschüsseln sind leicht zu reinigen und unverwüstlich. Natürlich benötigt man die größere Schüssel, um damit Mahlzeiten zuzubereiten.

Cupcake-Backformen

Für alle Muffins oder Cupcakes in diesem Buch benötigen Sie Cupcake-Förmchen. Diese sind auch in vielen verschiedenen Materialvarianten erhältlich. Es gibt sie in Metall und Silikon, aber ich bevorzuge die Old-School-Metallart. Sie sind in den meisten Lebensmittelgeschäften leicht erhältlich und mit diesen klappt es am besten. Man findet sie in verschiedenen Größen: Mini-, Normal- und Jumbo-Größe. Wenn Sie sich nicht sicher sind, besorgen Sie sich alle Größen, damit Sie bei der Herstellung flexibel sind. Man kann sie auch verwenden, um Süßigkeiten und andere coole Leckereien herzustellen!

Tüte und Tortentüllen zum Dekorieren von Kuchen

Um tolle Tortendekorationen zu kreieren, benötigen Sie einen Spritzbeutel, Spritztüllen und einen kurzen Crashkurs in Tortendekoration. Ich verwende gerne Einweg-Spritzbeutel, weil man sie nicht zu reinigen braucht, aber verschiedene Marken bieten eine Vielzahl von Materialien an, z. B. Leinen und Vinyl. Leinenbeutel eignen sich nicht gut für die Glasur, die Sie in diesem Buch herstellen werden. Vinyltüten hingegen sind großartig und können eine ganze Weile wiederverwendet werden, bevor sie ersetzt werden müssen. Garniertüllen können aus Plastik oder Metall sein. Während Metallspitzen präziser sind, sind Kunststoffspitzen haltbarer und rosten nicht. Versuchen Sie, ein Tüllenset zu finden, das alle Spitzen enthält, damit Sie bei der Herstellung von Leckereien so kreativ wie möglich sein können.

KAPITEL 3

Verdauung und Immunsystem

Mit der Zubereitung von Futter für Hunde habe ich ursprünglich auch deshalb begonnen, weil mich deren Verdauungssystem interessierte. Wir Menschen neigen gern zu der Annahme, dass jedes Verdauungssystem unserem eigenen gleicht. Das ist aber nicht der Fall. Wir bereiten unsere Nahrung, bevor wir sie verzehren, in gewissen Stufen vor. Normalerweise waschen wir unsere Lebensmittel, um sie vor dem Kochen außen von allen Schadstoffen zu befreien. Wenn wir Obst oder Gemüse kochen, beginnt durch das Erhitzen bereits der Nahrungsaufspaltungsprozess. Normalerweise kochen wir Menschen unser Fleisch, um Krankheitserreger oder Bakterien abzutöten, die wir in unserem Verdauungstrakt nicht zerlegen können. Zusätzlich wird das Fleisch gewürzt, um es schmackhaft zu machen.

Nach dem Kauen wird die Nahrung von der Zunge in die Speiseröhre geschoben und geschluckt. Durch einen Prozess, der Peristaltik genannt wird und bei dem die Muskeln in den Wänden des Verdauungssystems dafür eingesetzt werden, die Nahrung zu bewegen und nach unten zu pressen, gelangt die Nahrung dann zur weiteren Aufspaltung in den Magen und den Magen-Darm-Trakt. Sobald die Nahrung den Magen verlassen hat, entleert sie sich als sogenannter Chymus in den Dünndarm. Der Dünndarm besteht aus drei Teilen: Der erste Teil heißt Zwölffingerdarm, der zweite (mittlere) ist das Jejunum, und das Ileum befindet sich am Ende, wo es auf den Dickdarm trifft. Der Dünndarm wird von der Bauchspeicheldrüse und der Leber dabei unterstützt, Verdauungssäfte zu bilden. Diese wiederum unterstützen den Prozess weiter, während die Dünndarmwände das enthaltene Wasser und die Nährstoffe aus dem Essen aufnehmen und in den Blutkreislauf abgeben. An dieser Stelle wandert die Nahrung in den Blinddarm*, den ersten Teil des Dickdarms, dann in den Dickdarm und schließlich in den Enddarm. Was dann passiert, wissen Sie ja … Kacke!

Beim Menschen kann dieser Vorgang vom Anfang bis zum Ende zwischen vierundzwanzig und zweiundsiebzig Stunden dauern, je nach Ernährungsweise und Lebensstil. Während die Nahrung am Anfang des Prozesses (der sechs bis acht Stunden dauert) schnell zu sein scheint, so ist der Rest von Faktoren wie Geschlecht, Stoffwechsel und – falls vorhanden – Verdauungsproblemen abhängig. Hunde sind da anders.

Ein wesentliches Element bei der menschlichen Ernährung stellt die Vorbereitung der Nahrung auf den Abbau, noch bevor wir sie essen, dar. Die Verdauung beginnt im Mund, wo unsere Zähne die Nahrung in kleinere Stücke brechen, zerkleinern und durch die Speiseröhre in den Magen befördern. Das im Speichel enthaltene Wasser hilft, die Nahrung in einen weichen Brei zu verwandeln, der leichter zu schlucken ist. Unser Speichel enthält auch chemische Stoffe, so genannte Enzyme, die die Nahrung in kleinere Moleküle aufspalten und die Verdauung weiter unterstützen. Bei Hunden beginnt die Verdauung, sobald sie zubeißen und die Nahrung in die Speiseröhre hinunterschlingen. Hunde produzieren Speichel, um die Nahrung durch die Speiseröhre zu befördern. Außerdem enthält ihr Speichel ein spezielles Enzym, das bei Verletzungen im Maul während der Nahrungsaufnahme hilft. Hunde kennen die heilende Wirkung ihres Speichels. Deshalb lecken sie jeden Kratzer und versuchen sogar uns bei Verbrennungen oder Schnittwunden so zu helfen. Wie cool ist das denn?!

Ist Ihnen schon einmal aufgefallen, dass das Maul eines Hundes beim Kauen nur Bewegungen in zwei Richtungen mit seinem Kiefer ausführen kann? Nach oben, nach unten … stimmt's? Und was passiert, wenn Sie (als Mensch) ein Stück Kaubonbon essen? Was passiert, wenn eine Kuh Gras kaut? Oder

** Anmerkung: nicht zu verwechseln mit dem Appendix*

ein Pferd eine Karotte kaut? Nun, ein menschlicher Kiefer (wie der einer Kuh oder eines Pferdes) kann sich drehen, weil wir aufs Kauen ausgerichtet sind! Was haben ein Wolf, ein Chihuahua, eine Schlange und ein Alligator gemeinsam? Ihre Kiefer sind nicht zum Kauen von einer Seite zur anderen gedacht. Sie sind darauf ausgelegt, zu beißen, zu ziehen und zu schlucken. Schlangen renken ihren Kiefer sogar jedes Mal aus, wenn sie fressen. Bedeutet das, dass Ihr Chihuahua Ihre Kinder fressen wird? Ich hoffe doch nicht.

Der nächste Schritt in der Verdauung der Hunde ist dem unseren ähnlich, denn auch sie brauchen ihre Speiseröhre, um die Nahrung nach unten in den Magen zu befördern. Der menschliche Magen unterscheidet sich jedoch ein wenig von dieser komplizierten Maschine. Der Magen eines Hundes ist hundert Mal stärker als unserer, mit einer stärkeren Säure, die die Proteine aufspaltet und das Enzym Pepsinogen aktiviert, das die Aminosäuren in den Blutkreislauf freisetzt. Die Säure ist auch in der Lage, Knochensubstanz zu erweichen, sodass Wildhunde ganze Tiere fressen und verdauen können, ohne krank zu werden. Nach dem Magen gelangt die Nahrung in den Dünndarm, wo der Körper Ihres Hundes diejenigen Nährstoffe aus der Nahrung aufnimmt, die er braucht. Nachdem die Nährstoffe aufgenommen wurden, folgen die restlichen Abfallprodukte dem Weg in den Dickdarm und verlassen den Körper. Der gesamte Verdauungsprozess eines Hundes kann zwischen vier und neun Stunden dauern, je nachdem, welche Art von Futter er bekommt. Wenn Sie sich für Roh- oder Frischfutter entscheiden, beträgt das Verdauungszeitfenster vier bis sechs Stunden. Bei der Fütterung mit gekauftem Trockenfutter dauert die Verdauung neun Stunden (manchmal auch länger). Das ist ein großer Unterschied, nicht wahr?

Lassen Sie uns einen Moment darüber reden …

Der Verdauungstrakt eines Hundes ist knapp einen halben Meter lang, der eines Menschen dagegen etwa halb so lang wie ein Badmintonfeld. Das erklärt, warum Ihr Hund manchmal Fremdkörper ausscheidet, die so aussehen, als hätten sie den Verdauungstrakt überhaupt nicht durchlaufen. Wenn das System den Fremdkörper nicht erkennt, wird dieser sofort aus dem Körper ausgeschieden.

Wenn Sie frisches Futter füttern, ist der Hundekörper eher in der Lage, mit den natürlichen Funktionen seines Immunsystems Schritt zu halten. Hunde sind nicht dafür geschaffen, verarbeitete Nahrung zu fressen – der Mangel an lebenden „guten Bakterien" in dieser Art von Nahrung führt dazu, dass sie nicht so schnell abgebaut wird und mehr Zeit im Verdauungstrakt verbringt. Trockenfutter kann manchmal Entzündungen hervorrufen, weil es zu wenig Wasser enthält und keine Nährstoffe und Feuchtigkeit aus dem Futter im System verwertet werden können. Das kann im weiteren Verlauf zu Problemen führen. Ein gesunder Hundeverdauungstrakt verfügt über ein ausgewogenes Verhältnis von „nützlichen" Bakterien und korrekt funktionierenden Immunzellen, und seine Gesundheit wird durch eine für den jeweiligen Hund geeignete Ernährung aufrechterhalten. Was ein Hund frisst, wirkt sich auf seinen gesamten Körper aus, auch auf sein Verdauungssystem. Eine auf die Bedürfnisse Ihres Hundes abgestimmte Ernährung kann viel dazu beitragen, das Verdauungs- und Immunsystem Ihres Hundes in den Griff zu bekommen.

Das Immunsystem eines Hundes besteht aus einem Verbund aus weißen Blutkörperchen, Antikörpern und anderen Substanzen, die Infektionen und Fremdproteine abwehren. Darüber hinaus gehören zum Immunsystem auch mehrere Organe. Die Thymusdrüse und das Knochenmark sind die Orte, an denen die weißen Blutkörperchen produziert werden. Die Milz und die Lymphknoten fangen Mikroorganismen und Fremdstoffe ab und bieten einen Ort, an dem sich die Zellen des Immunsystems sammeln, miteinander und mit Fremdstoffen interagieren und eine Immunantwort hervorrufen können.[1] Dies ist äußerst wichtig, denn Hunde sind ständig der Gefahr einer mikrobiellen Invasion ausgesetzt. Diese potenziellen Eindringlinge verschaffen sich über den Darm, die Atemwege und die Haut Zugang zum Körper. Die „guten Bakterien" im Darm schützen Ihren Hund vor infektiösen Eindring-

1 https://www.merckvetmanual.com/immune-system/the-biology-of-the-immune-system/biology-of-the-immune-system-in-animals

lingen, indem sie eine Nische besetzen, die es anderen Organismen unmöglich macht, sich dort niederzulassen.

Um eine mikrobielle Invasion zu verhindern, verfügt der Körper (als Teil des angeborenen Immunsystems) über eine Reihe von Abwehrmechanismen, die zusammen eine äußerst wirksame Verteidigung gegen eine Invasion bilden. Zu diesen Mechanismen gehört die Haut, die ihre eigene Flora besitzt. Sie setzt Austrocknung als Mechanismus ein, um die Besiedlung mit anderen Organismen zu verhindern. Eingeatmete Mikroorganismen und anderes Material werden schnell durch den mukoziliären Apparat entfernt, der aus Flimmerepithelzellen und schleimabsondernden Zellen besteht, die eingeatmetes Material von den unteren in die oberen Atemwege transportieren, von wo es durch den Hustenreflex entfernt wird.

Die zweite Verteidigungslinie ist „fest verdrahtet" und hängt von einer schnellen stereotypen Reaktion ab, um sowohl Bakterien als auch Viren zu stoppen und abzutöten. Dies wird durch den Prozess der akuten Entzündung und durch klassische Krankheitsreaktionen wie Fieber verkörpert.

Die dritte Verteidigungslinie ist die hochkomplexe, spezifische und langanhaltende, dauerhafte adaptive Immunität. Da ein Tier nach der Exposition gegenüber Krankheitserregern Gedächtniszellen ansammelt, bietet die adaptive Immunität dem Wirt die Möglichkeit, auf die Exposition zu reagieren, indem er eine hochspezifische und wirksame Reaktion auf jeden einzelnen Infektionserreger entwickelt. Ohne ein funktionierendes adaptives Immunsystem ist ein Überleben unwahrscheinlich.

Futtermittel[2], die Präbiotika enthalten, können wirksam dazu beitragen, die Mikroflora Ihres Hundes wieder ins Gleichgewicht zu bringen und einen gesünderen Verdauungstrakt zu schaffen. Ich weiß, ich weiß... Sie denken jetzt wahrscheinlich: Was sind Präbiotika? Ich dachte, mein Hund braucht Probiotika!! Nun, Präbiotika sind eine Art von Ballaststoffen, die der Körper nicht

2 https://www.royalcanin.com/au/dogs/health-and-wellbeing/what-makes-your-dogs-digestive-system-healthy

verdauen kann. Sie dienen als Nahrung für Probiotika, das sind winzige lebende Mikroorganismen (die „guten Bakterien"). Sowohl Präbiotika als auch Probiotika unterstützen hilfreiche Bakterien und andere Organismen im Darm. Hochverdauliche und hochwertige Proteine sind wichtig, um Ihrem Hund die Bausteine für das Zellwachstum in seinem Körper zu liefern. Futter, das Proteine aus hochwertigen Quellen enthält, kann dazu beitragen, ein gesundes Verdauungssystem aufrechtzuerhalten und eine Verschlimmerung von Empfindlichkeiten zu vermeiden.

Hunde brauchen zudem ein ausgewogenes Verhältnis an Ballaststoffen in ihrer Ernährung. Ein hochwertiges Futter sollte genau das richtige Verhältnis an Ballaststoffen enthalten, damit Ihr Hund die Nährstoffe leicht aufnehmen kann, ohne sein Verdauungs- und Immunsystem unnötig zu belasten.

KAPITEL 4

Was Hunde fressen dürfen und was nicht

Den Geschmackssinn eines Hundes unter die Lupe zu nehmen kann eine interessante Sache sein, da Hunde ihre Nahrung nicht auf dieselbe Art genießen wie wir. Für einen Hund spielen sich rund achtzig Prozent einer Mahlzeit in seiner Nase ab. Was ich meine ist, dass ein Hund sich entscheidet, etwas wegen des Geruchs zu essen, nicht unbedingt wegen des Geschmacks. Mit nur eintausendsiebenhundert Geschmacksknospen haben Hundezungen lediglich vier Signale, die sie an das Gehirn senden können, und zwar um ihm mitzuteilen, ob etwas salzig, süß, heiß oder kalt ist. Im Wesentlichen führt der Hund vor dem Fressen also eine Art Abgleich der Sinne durch.

Wenn Sie herausfinden, welche Lebensmittel Ihr Hund mag, gibt es definitiv ein paar Dinge zu beachten. Falls Sie sich Sorgen um mögliche Allergien Ihres Hundes machen, sollten Sie sich bei Ihrem Tierarzt erkundigen, von welchen Nahrungsmitteln Ihr Hund fernbleiben sollte. Egal, ob Sie eines der Rezepte in diesem Buch zubereiten oder Ihre eigenen Hundemahlzeiten und Leckerlis kreieren, hier ist eine toller Nahrungsmittelführer, was Sie dafür verwenden können und was nicht.

Dinge, die Ihr Hund niemals konsumieren sollte[3]

- **Frostschutzmittel** enthält Ethylenglykol, eine süßlich schmeckende, geruchlose Substanz, die in geringeren Mengen auch in vielen Enteisungsmitteln für Windschutzscheiben, hydraulischen Bremsflüssigkeiten, Motorölen, Lösungsmitteln, Farben, Filmentwicklungslösungen, Holzbeizen, Tinten und Druckerpatronen usw. enthalten ist. Hunde werden von Ethylenglykol durch seinen süßen Geruch und Geschmack angezogen und trinken es freiwillig, wenn es auf Garagenböden oder Einfahrten verschüttet oder ausgelaufen ist. Ethylenglykol hat einen sehr engen Sicherheitsspielraum, was bedeutet, dass bereits ein halber Teelöffel pro Pfund Körpergewicht eines Hundes zum Tod führen kann. Innerhalb von dreißig Minuten nach der Einnahme können Anzeichen von Lethargie, Erbrechen, Koordinationsstörungen, übermäßigem Wasserlassen, übermäßigem Durst, Hypothermie (niedrige Körpertemperatur), Krampfanfälle und Koma auftreten, und zwar noch zwölf bis vierundzwanzig Stunden nach der Einnahme. Einige der Anzeichen scheinen sich dramatisch zu verbessern und Tierbesitzer in falsche Sicherheit zu wiegen. In dieser Phase werden Hunde jedoch dehydriert und entwickeln eine eskalierte Atmung und Herzfrequenz. Nach sechsunddreißig bis zweiundsiebzig Stunden können Anzeichen einer schweren Nierenfunktionsstörung auftreten, die durch geschwollene, schmerzhafte Nieren und die Produktion von minimalem bis keinem Urin gekennzeichnet ist, sowie fortschreitende Depression, Lethargie, Appetitlosigkeit, Erbrechen, Krampfanfälle, Koma und dann der Tod. Es ist wichtig, dass Sie Ihren Hund zum Tierarzt bringen, wenn Sie wissen oder sogar vermuten, dass er Frostschutzmittel eingenommen hat oder wenn er eines der frühen Symptome zeigt. Nicht warten, die Zeit drängt und eine sofortige Behandlung ist unerlässlich! Hunde müssen innerhalb von acht bis zwölf Stunden nach Einnahme des Frostschutzmittels behandelt werden, da das Gegenmittel nur eine kurze Zeit wirkt. Unbehandelt stirbt Ihr Hund.

3 https://vcahospitals.com/know-your-pet/ethylene-glycol-poisoning-in-dogs

* **Schokolade** wird aus den gerösteten Samen von der Kakaobohne, Theobroma Cacao, gewonnen. Die primären Giftstoffe in Schokolade sind die Methylxanthine Theobromin und Koffein. Obwohl die Konzentration von Theobromin in Schokolade drei bis zehn Mal so hoch ist wie die von Koffein, tragen beide Bestandteile zu dem klinischen Syndrom bei, das bei Schokoladenvergiftung auftritt. Die genaue Menge an Methylxanthinen in Schokolade variiert aufgrund der natürlichen Abweichungen von Kakaobohnen und Abweichungen innerhalb der Marken von Schokoladenprodukten. Generell ist Schokolade umso gefährlicher für Hunde, je dunkler sie ist. Anzeichen einer Schokoladenvergiftung treten normalerweise innerhalb von sechs bis zwölf Stunden nach der Einnahme auf. Erste Anzeichen können ungewöhnlich großer Durst, Erbrechen, Durchfall, aufgeblähter Bauch und Unruhe sein. Die Anzeichen können zu Hyperaktivität, erhöhter Urinausscheidung, Ataxie, Steifigkeit, Zittern und Krampfanfällen führen. Herzrasen, Herzrhythmusstörungen, erhöhte Atemfrequenz, Blaufärbung der Schleimhäute, Bluthochdruck, Überhitzung, verlangsamter Herzschlag, erniedrigter Blutdruck oder Koma können auftreten. Später im Verlauf der Vergiftung kann es zu einem stark gesunkenen Kaliumspiegel im Blut kommen, der die Herzfunktion weiter beeinträchtigt. Der Tod ist im Allgemeinen auf Herzrhythmusstörungen, Hyperthermie oder Atemversagen zurückzuführen. Der hohe Fettgehalt von Schokoladenprodukten kann bei anfälligen Tieren auch eine Entzündung der Bauchspeicheldrüse (Pankreatitis) auslösen. Die tödliche Dosis Theobromin beträgt 100 – 200 mg / kg Körpergewicht. Da dunkle Schokolade mehr Theobromin enthält als helle Milchschokolade, kann man sich als Faustregel merken, dass für einen kleinen Hund ein Drittel Tafel Zartbitterschokolade oder eine Tafel Milchschokolade sehr gefährlich sein kann, während einer großer Hund über 20 g bei etwa 800 g Vollmilchschokolade (entspricht 3 – 4 Schoko-Weihnachtsmännern) in Gefahr kommt.

* **Macadamianüsse** werden in den USA auf dem Kontinent, Hawaii und Australien angebaut. Ihr Toxizitätsgrad ist nicht bekannt. Hunde haben Vergiftungserscheinungen gezeigt, nachdem sie 2,4 g Nüsse pro Kilogramm

Körpergewicht aufgenommen hatten. Innerhalb von zwölf Stunden nach der Einnahme entwickeln Hunde Schwäche, Depression, Erbrechen, Ataxie, Zittern und/oder Hyperthermie. Zittern kann sekundär zu Muskelschwäche sein. Die Zeichen lösen sich im Allgemeinen innerhalb von zwölf bis achtundvierzig Stunden auf.

- **Avocado**[4] enthält Persin, ein fungizides Toxin, das laut einigen Tierärzten ernsthafte Gesundheitsprobleme und sogar den Tod verursachen kann. Obwohl Hunde resistenter gegen Persin zu sein scheinen als andere Tiere, bedeutet das nicht, dass Avocados für Ihren Hund zu hundert Prozent sicher sind. Persin ist in der Avocadofrucht, den Kernen, Blättern und der eigentlichen Pflanze vorhanden, sodass alle diese Teile für Ihren Hund potenziell giftig sind. Das meiste Persin ist in den Blättern, der Haut und dem Kern der Frucht konzentriert. In geringen Mengen ist es auch im Fruchtfleisch von Avocados enthalten. Es ist nicht bekannt, welche Menge an Persin tödlich ist. In großen Mengen kann es Erbrechen, Durchfall und Herzmuskelschäden verursachen. Der hohe Fettgehalt von Avocadofleisch kann bei Hunden zu Magen-Darm-Störungen und Pankreatitis führen, wenn sie zu viel essen, und weil es kalorienreich ist, kann es auch zu Gewichtszunahme führen. Ein weiteres Problem ist der Kern, der zum Ersticken führen kann. Avocadosorten kommen von überall her und manche enthalten weniger Persin als andere. Während einige in einigen Hundeprodukten verwendet wurden, ist es am besten, die Finger davon zu lassen.

- **Xylit(ol)**[5] ist eine natürlich vorkommende Substanz, die als Zuckerersatz weit verbreitet ist. Chemisch gesehen ist es ein Zuckeralkohol und kommt von Natur aus in Beeren, Pflaumen, Mais, Hafer, Pilzen, Salat, Bäumen und einigen anderen Früchten vor. Kommerziell wird das meiste Xylit aus Maisfasern, Birken, Hartholzbäumen und anderem pflanzlichen Material extrahiert. Obwohl es seit Jahrzehnten als Zuckerersatz verwendet wird, hat seine Popularität in den letzten Jahren aufgrund seines niedrigen glykämischen Index und seiner Eigenschaften zur Bekämpfung von Zahnbelag

4 https://www.akc.org/expert-advice/nutrition/can-dogs-eat-avocado

5 https://vcahospitals.com/know-your-pet/xylitol-toxicity-in-dogs

beim Menschen dramatisch zugenommen. Wenn ein Hund etwas frisst, das Xylit enthält, wird es schnell in seinen Blutkreislauf aufgenommen, was zu einer starken Freisetzung von Insulin aus der Bauchspeicheldrüse führt. Diese schnelle Freisetzung von Insulin verursacht eine schnelle Abnahme des Blutzuckerspiegels (Hypoglykämie), ein Effekt, der innerhalb von zehn bis sechzig Minuten nach dem Verzehr von Xylit auftritt. Unbehandelt kann diese Hypoglykämie lebensbedrohlich sein. Je höher die eingenommene Dosis, desto höher das Risiko eines Leberversagens. Die häufigste Quelle einer Xylitolvergiftung ist zuckerfreier Kaugummi. Bis zu neun Stück sind nötig, um bei einem zwanzig Kilo schweren Hund zu einer schweren Hypoglykämie zu führen, während fünfundvierzig eingenommen werden müssten, um zu Leberversagen zu führen. Da es eine große Dosisbandbreite an Xylit bei jeder Marke und jedem Geschmack von Kaugummi und anderen Produkten gibt, ist es wichtig herauszufinden, ob eine toxische Menge eingenommen wurde. Rufen Sie in jedem Fall sofort Ihren Tierarzt an, wenn Sie sehen, dass Ihr Hund diesen Stoff aufgenommen hat.

* **Alkohol**[6] findet man an einigen überraschenden Stellen. Mit Rum getränkte Kuchen, Hefeteig oder ungebackene Desserts mit Alkohol können bei Haustieren genauso zu Vergiftungen führen wie ein Cocktail. Während es harmlos erscheinen mag, Ihren Hund den kleinsten Schluck Ihres Weins, Biers oder Mixgetränks trinken zu lassen, ist es unterm Strich niemals in Ordnung, Ihren Hund Alkohol trinken zu lassen. Es ist niemals akzeptabel, seine Gesundheit aufs Spiel zu setzen, egal wie amüsant es im Moment erscheinen mag. Als Tierhalter liegt es in Ihrer Verantwortung, Ihr Hündchen zu schützen, und dazu gehört auch, ihn von Alkohol fernzuhalten. Hunde, die toxische Mengen Alkohol konsumiert haben, zeigen innerhalb von 30 bis 60 Minuten erste Wirkungen. Die Symptome können von einer leichten Vergiftung bis zu einer schweren Trunkenheit reichen, die lebensbedrohlich sein kann und die folgenden Anzeichen einer Alkoholvergiftung aufweisen kann. Rufen Sie auf jeden Fall den Tierarzt an.

6 https://www.hillspet.com/dog-care/healthcare/what-happens-when-dog-drinks-alcohol

* Erbrechen
* Orientierungslosigkeit
* Rausch
* Verlust der Körperkontrolle
* Durchfall
* Übermäßiger Speichelfluss
* Aufregung, die sich in Depression verwandelt
* Atembeschwerden
* Bewusstlosigkeit
* Dehydrierung
* Langsame Herzfrequenz
* Krampfanfälle
* Herzrhythmusstörungen[7]

* **Trauben und Rosinen**[8] mögen harmlos erscheinen, aber sie sind nichts für Hunde. Schon kleine Mengen Trauben oder Rosinen können tödlich sein. Das Problem ist, dass nicht alle Rosinen und Trauben ähnliche Wirkung zeigen. Außerdem reagieren nicht alle Hunde auf die Giftstoffe von Rosinen und Weintrauben. Eine der schwerwiegendsten Komplikationen der Trauben-/Rosinentoxizität ist plötzliches Nierenversagen mit fehlender Urinproduktion. Erbrechen und Durchfall treten häufig innerhalb der ersten Stunden auf, und 24 Stunden nach der Einnahme können Erbrochenes und Fäkalien Weintrauben- und/oder Rosinenstücke enthalten. Andere Symptome sind Bauchschmerzen, Dehydrierung und ungewöhnliche Ruhe und Schwäche. Dies ist ein Notfall, der eine sofortige Behandlung erfordert. Wenn Ihr Hund Trauben oder Rosinen zu sich nimmt, müssen Sie so schnell wie möglich Erbrechen herbeiführen, bevor die Giftstoffe aus der Frucht aufgenommen werden können. Wenden Sie sich umgehend an Ihren Tierarzt.

7 https://wagwalking.com/condition/alcohol-poisoning
8 https://www.petsmagazine.com.sg/a/features/pet-pantry/254/grape-and-raisin-toxicity-in-dogs

- **Hefe**[9] kann gären und es kann sich Gas im Verdauungssystem Ihres Hundes ansammeln. Dies ist schmerzhaft und kann dazu führen, dass sich der Magen aufbläht und möglicherweise verdreht, was einen lebensbedrohlichen Notfall darstellt. Da die Hefe als Nebenprodukt Ethanol produziert, kann ein Hund, der rohen Brotteig zu sich nimmt, betrunken werden. In der Folge zeigen sich die Symptome des Alkoholkonsums (siehe oben.)

- **Koffein** mag ein guter Start in den Tag sein, aber die meisten Menschen wissen vielleicht nicht, dass Koffein für ihre Haustiere schädlich sein kann. Sie wissen vielleicht auch nicht, dass viele Lebensmittel und Getränke in Ihrem Schrank Koffein enthalten. Die meisten Menschen nennen Kaffee als Koffeinquelle Nummer eins, und sie haben Recht. Die meisten Haushalte haben Kaffee in der Speisekammer. Tee und Limonade sind jedoch voll von Koffein, ebenso wie die Energydrinks oder isotonischen Sportgetränke im Kühlschrank. Andere häufige Koffeinquellen sind Diätpillen und rezeptfreie Produkte, die Sie die ganze Nacht wachhalten. Diese Produkte sind voller Koffein und für Ihren Hund tödlich.

9 https://www.aspca.org/pet-care/animal-poison-control/people-foods-avoid-feeding-your-pets

Wie man Erbrechen herbeiführt, wenn Schokolade oder andere Toxine konsumiert wurden[10]

Sie brauchen:

- 3 %iges Wasserstoffperoxid. ***Verwenden Sie nur 3 %iges!***
- 1 Teelöffel
- Papiertücher

1. Verabreichen Sie einen Teelöffel Wasserstoffperoxid (5 ml) pro 4,5 kg Körpergewicht.

2. Sie können diese Dosis maximal zwei Mal verabreichen. Verabreichen Sie daher die Wasserstoffperoxid-Dosierung einmal und warten Sie dann fünfzehn bis zwanzig Minuten. Wenn Sie mit Ihrem Hund spazieren gehen, kann dies den Prozess beschleunigen.

3. Wenn der Hund nicht erbricht, wiederholen Sie die Dosis. Wenn es nach weiteren zehn Minuten immer noch nicht erbricht, bringen Sie Ihr Haustier und die betreffende Flasche mit der Chemikalie oder einem anderen Gift sofort zum Tierarzt, da der Tierarzt möglicherweise wirksamere Mittel hat, um das Erbrechen auszulösen.

Hinweis: Auf der Flasche mit Wasserstoffperoxid kann „giftig für Haustiere" stehen. Dies bedeutet einfach, dass es sie zum Erbrechen bringt. Wenn Sie den Anweisungen und Dosierungen sorgfältig befolgen, dann wird Ihr Hund erbrechen und es gibt keine langanhaltende Wirkung durch die Einnahme von Wasserstoffperoxid. Die Verabreichung muss innerhalb von zwanzig Minuten nach Einnahme des Toxins erfolgen.

10 https://pethelpful.com/dogs/How-and-when-to-induce-vomiting-in-your-dog

Pflanzen, die Ihr Hund nicht fressen sollte

* **Poinsettia (Weihnachtsstern)** – Toxizität kommt von den milchig weißen Säften, die auf der Pflanze gefunden werden, bekannt als diterpenoide Euphorbolester. Also ja, Weihnachtssterne sind giftig, aber es muss beachtet werden, dass die Toxizitätsgrade, die in Weihnachtssternen gefunden werden, gering sind.

* **Amaryllis** verursacht bei Hunden übermäßigen Speichelfluss und Bauchschmerzen. Sie können erbrechen und/oder Durchfall haben.

* **Spargelfarnbeeren** können beim Verzehr Magen-Darm-Beschwerden mit Symptomen wie Erbrechen und Durchfall verursachen, und der Saft kann einen Kontaktausschlag hervorrufen.

* **Alpenveilchen** (Zyklamen) verursacht Erbrechen und Durchfall und kann in extremen Fällen zu Krampfanfällen und sogar zum Tod führen.

* **Efeu** kann bei Einnahme schädlich sein. Er enthält Saponine, die Bauchschmerzen, übermäßigen Speichelfluss, Durchfall und Erbrechen verursachen. Andere Pflanzen, die Saponine enthalten, sind:

    * **Aloe-Blätter und -Wurzeln** (die äußerliche Verwendung des Gels ist in Ordnung)
    * **Amerikanische Stechpalme** (auch als Tintenbeere und Winterbeere bekannt)
    * **Hosta**

* Das **Elefantenohr** verursacht eine Alocasia-Vergiftung, die zu Kratzen mit der Pfote an Gesicht und Maul, Sabbern, Schaum vor dem Maul und Erbrechen führt.

* **Efeutute** (Pothos)[11] produziert unlösliche Calciumoxalatkristalle. Die Kristallform der Oxalate und ihre Unlöslichkeit verursachen Schäden im Mund. Anstatt sich bei Kontakt mit der Mundfeuchtigkeit aufzulösen, schneiden sie ins Gewebe und verursachen Verletzungen. Andere Pflanzen, die Calciumoxalate enthalten, sind:

  * **Begonienwurzeln.** Diese haben den höchsten Gehalt an Calciumoxalat und verursachen Erbrechen und Durchfall.
  * **Lilie**, die Reizungen, Sabbern, Erbrechen und Schluckbeschwerden verursacht.

* Die Zimmerpflanze **Geldbaum** gehört zur Familie der Crassulaceae, und alle Pflanzen dieser Familie sind für Hunde giftig. Der Konsum dieser Pflanze verursacht Erbrechen, Lethargie, Bauchschmerzen, Schwäche und Depressionen. Im Extremfall kann es zu einer verlangsamten Herzfrequenz und Krämpfen kommen.

* **Azaleen** sind hochgiftig und der Verzehr geringer Mengen kann eine sofortige Reaktion hervorrufen. Azalee reizt den Mund und verursacht Erbrechen und Durchfall. Der Verzehr ihrer Blätter kann Ihren Hund töten, wenden Sie sich also sofort an die Giftnotrufzentrale oder Ihren Tierarzt, um herauszufinden, welche Schritte Sie unternehmen müssen, wenn Ihr Hündchen an diese Pflanze geraten ist.

* **Lorbeer** ist eine beliebte Gartenpflanze und Gewürz. Es enthält Eugenol, das für Hunde giftig ist. Lorbeerblätter können übermäßigen Speichelfluss, Erbrechen und Nierenversagen verursachen.

* **Kirschbaumblätter** und -zweige enthalten cyanogene Glykoside, die für viele Arten, einschließlich Menschen, schädlich sind. Der Kirschkern enthält Blausäure. Wenn Ihr Hund Kirschbaumteile frisst, kann er Atembeschwerden, erweiterte Pupillen und einen Schock bekommen.

---

11 https://wagwalking.com/condition/pothos-poisoning

- **Glyzinienblüten** und -samen sind giftig. Hunde, die Glyzinien essen, können verwirrt, schwindelig, übel sein und Magenschmerzen und Durchfall haben. Sie können auch zusammenbrechen oder wiederholt erbrechen. Wenn sie genug davon konsumieren, kann es sogar zum Tod führen.

- **Sagopalme** ist eine der giftigsten Pflanzen für Hunde. Sie verursacht Durchfall und blutiges Erbrechen. Wenn genug aufgenommen wird, kann das zu Blutungsstörungen, Leberversagen und Tod führen.

- **Eibe** kann Zittern, Atemnot, Erbrechen, Krampfanfälle und Herzinsuffizienz verursachen, die zum Tod führen können.

- **Oleander** ist im Süden beliebt und gilt als eine der giftigsten Pflanzen für Hunde. Es enthält eine Substanz namens Herzglykosid, die Herzrhythmusstörungen, Muskelzittern, Erbrechen und Durchfall verursachen kann.

- **Nikotin** kann eine Übererregbarkeit verursachen, die dann von Depressionen, Erbrechen, Koordinationsstörungen, Lähmungen und sogar dem Tod gefolgt wird.

- **Prunkwinde** kann Probleme verursachen, wenn Ihr Hund eine relativ große Menge zu sich nimmt. Sie ist mäßig giftig und kann Erbrechen, Durchfall und Unruhe oder Koordinationsstörungen verursachen.

- **Marihuana** soll für Hunde giftig sein, daher ist es wichtig, den Unterschied zwischen Marihuana und CBD zu beachten. Viele Menschen befürworten die Verwendung von CBD-Öl zur Behandlung von Hunden. Das Öl hat eine andere Zusammensetzung und schadet Ihrem Hund nicht. In größeren Mengen konsumiert, kann Marihuana Depressionen, Koordinationsstörungen, übermäßigen Speichelfluss und erweiterte Pupillen verursachen. In schweren Fällen kann es Ihren Hund ins Koma versetzen.

- Von der **Robinie** sind Rinde, Blätter und Samen giftig für Ihren Hund. Sie können Erbrechen, blutigen Durchfall und Atembeschwerden verursachen, die zum Tod führen können.

- **Misteln** der amerikanischen und europäischen Sorten sind in größeren Mengen giftig. Die Pflanze kann Sabbern, Erbrechen, Durchfall, Bauchschmerzen, Ataxie, Krampfanfälle und sogar den Tod verursachen.

- **Wacholder** ist für Hunde leicht giftig. Die Beeren, Nadeln und Stängel enthalten Verbindungen, die Ihren Hund mit Erbrechen oder Durchfall krank machen können.

- **Hopfen** kann Hecheln und einen Anstieg der Körpertemperatur verursachen, was zu Krampfanfällen und sogar zum Tod führen kann. Außerdem ist die Hefe im Bier auch schlecht für Ihren Hund.

- **Berufkraut** wächst wild. Es hat den Ruf, Flöhe fernzuhalten und wird als Tee bei Harnwegsinfektionen verwendet. Es ist ein mildes Gift für Hunde, das Magenverstimmung und Verdauungsstörungen verursachen kann.

- **Dieffenbachia** verursacht Stechen im Mund, übermäßiges Sabbern und Schwellungen im Mund und Rachen.

- **Narzissen** verursachen Erbrechen, Durchfall und Bauchschmerzen, die zu Blutdruckabfall und Krampfanfällen führen können. **Tulpen** haben die gleichen Effekte.

- **Gänseblümchen** enthalten Sesquiterpene, die übermäßigen Speichelfluss, Erbrechen, Durchfall und unkoordinierte Bewegungen verursachen können.

- **Fingerhut** hat lebensrettende Eigenschaften, die Menschen mit Herzinsuffizienz helfen können. Wenn er jedoch von einem Hund verzehrt wird, kann er seinen Herzschlag verlangsamen oder unregelmäßig machen.

Obst und Gemüse, das Ihr Hund essen kann und sollte!

- **Äpfel**[12] sind eine ausgezeichnete Quelle für die Vitamine A und C sowie Ballaststoffe für Ihren Hund. Sie sind eiweiß- und fettarm, was sie zum perfekten Snack für junge und ältere Hunde macht. Hüten Sie sich vor den Samen, da sie eine geringe Menge Blausäure enthalten und nicht verzehrt werden sollten.

- **Bananen** sind reich an Kalium, Vitamin C und B6, Biotin, Ballaststoffen und Kupfer und arm an Cholesterin und Natrium. Aber aufgrund ihres natürlichen Zuckergehalts sollten Sie sie einem Hund nur in Maßen oder als Leckerbissen füttern, nicht als Teil der täglichen Ernährung.

- **Blaubeeren** sind eine kalorienarme Superfrucht, die vor Vitamin A, Mineralien, Ballaststoffen und vor einigen der höchsten Mengen an Antioxidantien von allen Obstsorten strotzt. Sie enthalten sekundäre Pflanzenstoffe und Anthocyane, die Krebs bekämpfen und Entzündungen reduzieren.

- **Brokkoli** ist nicht nur reich an Vitamin K, sondern enthält auch die Vitamine A, C, D, E und B6, 9 und 12. Vitamin K ist für den Aufbau und Erhalt starker Knochen bei jungen und älteren Hunden unerlässlich. Während auch andere Gemüse Vitamin K enthalten können, hat keines einen so hohen Prozentsatz wie Brokkoli. Es enthält auch Ballaststoffe, Chrom, Kalium und Mangan, die helfen, Muskeln aufzubauen, den Blutzuckerspiegel zu senken, die kardiovaskuläre Gesundheit zu verbessern, den Cholesterinspiegel zu senken und das Krebsrisiko zu verringern.

- **Rosenkohl**[13] ist reich an Ballaststoffen und Antioxidantien, die Entzündungen im Körper reduzieren und die allgemeine Durchblutung verbessern. Sie sind auch mit den Vitaminen C und K beladen, aber nicht so viel wie

12 https://www.akc.org/expert-advice/nutrition/fruits-vegetables-dogs-can-and-cant-eat

13 https://www.rover.com/blog/can-dogs-eat-brussel-sprouts

Brokkoli. Rosenkohl ist großartig für das Immunsystem und die Knochengesundheit eines Hundes.

* **Melone** eignet sich hervorragend für übergewichtige Hunde als gesunder Snack zur Gewichtsabnahme. Diese köstliche Melone ist voll von Vitamin A (als Beta-Carotin), das hilft, das Krebsrisiko zu verringern und Zellschäden vorzubeugen. Es ist auch eine gute Quelle für die Vitamine B6 und C, Ballaststoffe, Folsäure, Niacin und Kalium. Darüber hinaus ist es gut für das Sehvermögen und ideal für Hunde mit Nierenerkrankungen. Vermeiden Sie es jedoch, Ihrem Hund die Schale der Melone zu füttern, da diese zu Darmschäden führen kann.

* **Karotten** sind sehr nährstoffreich. Ob roh oder gekocht, sie können eine gesunde Ergänzung zur Ernährung Ihres Hundes sein. Jeder Teil der Karotte kann gut für Hunde sein, auch das Grün an der Spitze. Karotten sind eine gute Quelle für Ballaststoffe, Vitamin A und K, Kalium und Beta-Carotin. Karotten sollten jedoch nicht als vollwertiger Ersatz für die Hauptnahrung Ihres Hundes verwendet werden. Karotten enthalten große Mengen an natürlichem Zucker, daher sollten sie, obwohl sie für Hunde unbedenklich sind, in Maßen genossen werden. Eine zu hohe Zuckeraufnahme kann später im Leben Ihres Hundes zu Gewichtszunahme und anderen Gesundheitsproblemen führen.

* **Cranberries**[14] sind reich an Antioxidantien und Nährstoffen, die das Immunsystem Ihres Hundes unterstützen und Entzündungen verringern. Antioxidantien spielen eine wichtige Rolle bei der Gesunderhaltung von Hunden. Sie sind dafür bekannt, die kognitive Funktion zu verbessern und Allergien und Hautprobleme zu lindern. Cranberries sind kalorienarm und reich an Vitamin C, Ballaststoffen und Kalium. Sie senken auch das Risiko für Herzkrankheiten, Schlaganfall, Bluthochdruck, Diabetes und bestimmte Magen-Darm-Erkrankungen. Sie können unter anderem die Blasengesundheit Ihres Hundes verbessern, die Bildung von Zahnstein und Zahnbelag reduzieren, Bakterien bekämpfen und Krebs vorbeugen.

---

14 https://www.petmd.com/dog/nutrition/healthy-foods-checklist-cranberry-dogs

Sie können Ihrem Hund Cranberries in Maßen roh oder gekocht füttern. Vermeiden Sie Cranberry-Sauce und Cranberry-Saft, die viel Zucker enthalten und andere Zutaten enthalten können, die für Hunde potenziell schädlich sind. Die Verfütterung großer Mengen Cranberries an Hunde kann zur Bildung von Calciumoxalatsteinen in der Blase führen.

- **Gurke** ist ein großartiger Snack für diejenigen mit einem übergewichtigen Hund, der ein paar Pfunde verlieren soll. Ihre geringe Kalorienzahl und ihr hoher Wassergehalt sind ein starker Kontrast zu im Laden gekauften Leckereien. Wenn Sie also gerade von einem langen Spaziergang mit Ihrem Hund kommen, ist es eine großartige Möglichkeit, ihn schnell mit Feuchtigkeit zu versorgen. Füttern Sie niemals einen Hund mit einer ganzen Gurke, da Erstickungsgefahr besteht und zu viel Gurke Probleme im Magen-Darm-Trakt verursachen kann. Schneiden Sie die Gurke in kleine Stücke, um den Genuss in Maßen zu füttern. Fürs Protokoll, eingelegte Gewürzgurken sind zwar Gurken, enthalten aber Gewürze und gefährlich viel Salz, das Hunde nicht verzehren sollten.

- **Grüne Bohnen** enthalten die Vitamine A, C und K sowie andere Nährstoffe wie Eisen, Magnesium und Kalium und können daher bedenkenlos an Hunde verabreicht werden. Viele der in grünen Bohnen enthaltenen Nährstoffe sollten bereits in der normalen Ernährung eines Hundes enthalten sein. Wenn Sie also grüne Bohnen verwenden, um eine Mahlzeit für Ihren Hund zuzubereiten, verwenden Sie nur frische oder gefrorene Bohnen. Verwenden Sie niemals Gemüsekonserven, da diese zu viel Salz für Hunde enthalten.

- **Grünkohl**[15], wie viele andere Blattgemüse, ist sehr nährstoffreich. Kreuzblütler sind als „Ernährungskraftwerke" bekannt und die potenziellen Vorteile sind vielfältig. Er ist mit den Vitaminen A, C und K randvoll und trägt zu einem höheren Energieniveau, Blut- und Muskelgesundheit und einem besseren Immunsystem bei. Grünkohl hat das Potenzial, Krebs sowie andere entzündliche Erkrankungen zu bekämpfen. Es ist ein kalorienarmer

15 https://rawbistro.com/blogs/raw-bistro/can-dogs-eat-kale

Leckerbissen, der nicht nur gut schmeckt, sondern auch die Verdauung unterstützen kann. Grünkohl ist ein bekanntes Antioxidans und ist außerdem reich an Kalzium, Magnesium, Kalium und Eisen. Grünkohl kann auch das Sehvermögen und die Gesundheit des Dickdarms unterstützen, die Entgiftung der Leber unterstützen und helfen, Infektionen abzuwehren. Zu viel Grünkohl zu füttern kann zu Nährstoffmangel führen – insbesondere Aminosäuren, da er wenig Protein enthält. Daher sollte Grünkohl immer in Maßen gefüttert werden, neben einer Proteinquelle. Wenn Grünkohl auf diese Weise gefüttert wird, kann er dazu beitragen, den Bedarf an Nahrungsergänzungsmitteln zu minimieren.

* **Mango** ist reich an Ballaststoffen sowie Vitamin A, B6, C und E, was sie sowohl für Menschen als auch für Hunde sehr nahrhaft macht. Der Snack ist auch süß, also wird Ihr Hund ihn wahrscheinlich lieben, aber übertreiben Sie es nicht. Die Frucht ist weich, wenn sie reif ist, aber Sie sollten sie trotzdem in kleine Stücke schneiden und natürlich nicht die Schale oder den Kern füttern, um ein Ersticken zu vermeiden.

* **Orangen** sind voller Nährstoffe, Kalium und Ballaststoffe. Sie sind salzarm, was sie zu einem gesunden Snack macht, wenn sie in begrenzten Mengen verabreicht werden. Diese Frucht ist auch voller Vitamin C, was dem Immunsystem Ihres Hundes zugutekommen kann. Während einige Hunde den sauren Geschmack dieser Zitrusfrucht vielleicht nicht mögen, ist sie definitiv gut für sie. Wenn Ihr Hund jedoch an Diabetes oder einem anderen Gesundheitsproblem leidet, kann der natürliche Zuckergehalt in Orangen ein Problem verursachen, wenn Sie ihn überfüttern. Verwenden Sie diese Frucht als Snack oder Zutat in einer Kreation, aber nicht als Mahlzeit. Oh, und achten Sie darauf, die Schale und Kerne zu entfernen !

* **Pfirsiche**[16] enthalten die Vitamine A und C. Sie sind kalorienarm und reich an Ballaststoffen. Als Quelle für Antioxidantien können sie helfen, Krebs abzuwehren und das Immunsystem zu stärken. Sie tragen auch zur

16 https://dogtime.com/dog-health/dog-food-dog-nutrition/59103-can-dogs-eat-peaches

Verbesserung der Leber- und Nierenfunktion bei. Richtig und in Maßen serviert, sind Pfirsiche gesunde Snacks, die sogar als erfrischende Belohnung während der Trainingseinheiten verwendet werden können. Schneiden Sie frische Pfirsiche in Stücke oder verwenden Sie gefrorene Pfirsiche, aber füttern Sie Ihren Hund auf keinen Fall mit Pfirsichen aus der Dose. Diese enthalten zu viel Zucker und Konservierungsstoffe, die sie ungesund machen. Wenn Sie frische Pfirsiche verwenden, entfernen Sie den Kern und füttern Sie ihn nicht an Ihren Hund. Wie Avocadokerne ist auch der Kern oder „Stein" dieser süßen, sommerlichen Frucht eine Erstickungsgefahr.

* **Birnen** helfen, den Blutdruck und den Cholesterinspiegel zu senken, die beide für die Erhaltung der Herzgesundheit von grundlegender Bedeutung sind. Ihr hoher Ballaststoffgehalt spielt eine wichtige Rolle bei der Vorbeugung von Krebs in Dickdarm, Lunge und Magen. Birnen können helfen, altersbedingten Abbau der Makula zu verhindern und den Blutzuckerspiegel aufrechtzuerhalten. Sie sind kalorienarm, reich an Nährstoffen und unglaublich feuchtigkeitsspendend, was hilft, einen Hitzschlag zu vermeiden.

* **Erbsen** können helfen, die Funktion des Immunsystems zu stärken und die Symptome von Arthritis zu reduzieren, da sie entzündungshemmende Eigenschaften haben. Sie sind voller Antioxidantien wie Alpha- und Beta-Carotin, die den Alterungsprozess Ihres Hundes verlangsamen können. Die Ballaststoffe in Erbsen können Verstopfung vorbeugen und die Darmgesundheit verbessern. Erbsen enthalten die Vitamine A, C und K, Phosphor, Kalium und Polyphenol, das krebshemmende Eigenschaften hat.

* **Ananas**[17] enthält Bromelain, ein Enzym, das auch in Fleischzartmachern vorkommt. Gerüchten zufolge lässt Bromelain den Kotgeschmack faulig werden, was ihn für Hunde, die ihn als Delikatesse betrachten, weniger attraktiv macht. Ich habe es nicht dafür verwendet, also weiß ich nicht, ob das stimmt. Ich weiß jedoch, dass Ananas zu 83 Prozent aus Wasser

17 https://dogtime.com/dog-health/dog-food-dog-nutrition/59103-can-dogs-eat-peaches

bestehen – definitiv großartig für die Flüssigkeitszufuhr – und die Vitamine A, C und B6 enthalten. Sie sind auch eine gute Quelle für Thiamin, Riboflavin, Magnesium, Mangan, Kalium, Beta-Carotin und Antioxidantien.

* **Himbeeren** bieten eine Fülle von gesundheitlichen Vorteilen. Sie sind zucker- und kalorienarm, aber reich an Ballaststoffen, Mangan und den Vitaminen A, C, K und B-Komplex. Sie sind auch eine gute Quelle für Ballaststoffe, die, wie Sie inzwischen wissen, dazu beitragen, das Verdauungssystem eines Hundes zu verbessern und Fettleibigkeit zu bekämpfen. Himbeeren unterstützen dabei, Ihren Hund länger satt zu halten. In Himbeeren sind auch starke Antioxidantien enthalten, die die Wahrscheinlichkeit von Herzerkrankungen, Krebs, Diabetes und Arthritis verringern können, sowie Mineralien wie Kalium, Mangan, Kupfer, Folsäure, Eisen und Magnesium.

* **Spinat** enthält die Vitamine A, B-Komplex, C, E und K. Vitamin A verbessert die Haut, das Fell und die Haare des Hundes und beugt Nachtblindheit und Wachstumsstörungen vor. Der B-Komplex (B2, 6 und 9) beugt Haarausfall und Appetitlosigkeit vor und verbessert die Reflexe und die Nervenkontrolle. Spinat enthält auch viele pflanzliche Proteine und Aminosäuren, die gut für Ihren Hund sind.

* **Erdbeeren** sind eine gute Quelle für die Vitamine C, B1, B6 und K sowie Ballaststoffe, Kalium, Omega-3-Fettsäuren, Magnesium, Jod und Folsäure. Diese Vitamine und Mineralien sind hilfreich für die Funktion des Immunsystems und die Zellreparatur. Ballaststoffe unterstützen die Verdauung, während Fettsäuren die Haut- und Fellgesundheit Ihres Hundes verbessern. Ganz zu schweigen davon, dass sie voller Antioxidantien sind. Im Gegensatz zu anderen Lebensmitteln haben Erdbeeren die Fähigkeit, die Zähne aufzuhellen.

* **Wassermelone** ist, wie die meisten Sommerfrüchte auf dieser Liste, voll von nützlichen Nährstoffen, die für Hunde gesund sind, darunter Kalium,

die Vitamine A, B6 und C sowie jede Menge Ballaststoffe. Wassermelone enthält Zucker, aber der Ballaststoffgehalt in der Frucht isoliert den Zucker und verhindert, dass er zu schnell in den Blutkreislauf gelangt. Sie ist auch eine Quelle für Lycopin, ein Antioxidans, das helfen kann, Krebs zu verhindern. Wassermelone ist kalorienarm, natriumarm und sowohl fett- als auch cholesterinfrei.

KAPITEL 5

Nahrung sei deine Medizin[18]

Was tun Wildtiere, wenn sie krank werden? Nun, im Gegensatz zu Fluffy auf der Couch haben Tiere in freier Wildbahn keinen Zugang zu Apotheken oder der breiten Palette von Behandlungen, die von ihren Besitzern oder Tierärzten angeboten werden. Wie können sie also ohne uns überleben?

Wissenschaftliche Erkenntnisse zeigen uns, dass Tiere natürliche Arzneimittel kannten (und immer noch kennen). In der Tat haben Wölfe Zugang zur größten Apotheke der Welt: der Natur selbst. Zoologen und Botaniker beginnen gerade erst zu verstehen, wie Wildtiere Pflanzen als Medizin nutzen, um Krankheiten vorzubeugen und zu heilen.

Indigene Kulturen wissen seit Jahrhunderten um die Selbstmedikation von Tieren, und viele Volksheilmittel stammen aus der Beobachtung, welche Pflanzen Tiere fressen, wenn sie krank sind. Biologen und Zoologen haben beobachtet, wie Tiere Nahrungsmittel fraßen, die nicht zu ihrer üblichen Nahrung gehörten, und erkannten, dass die Tiere sich selbst mit natürlichen Heilmitteln behandelten.

Während eines einjährigen Beobachtungszeitraums behielt eine trächtige afrikanische Elefantenkuh während ihrer langen Trächtigkeit ihre normalen Ernährungsgewohnheiten bei, änderte diese aber gegen Ende der Tragezeit abrupt. Hochtragend machte sie sich auf die Suche nach einem Strauch, der siebzehn Meilen von ihrer üblichen Nahrungsquelle entfernt wuchs. Sie kaute und fraß die Blätter und die Rinde des Strauches und gebar dann einige

18 https://www.natural-wonder-pets.com/do-wild-animals-heal-themselves.html

Tage später. Es schien, als hätte die Elefantin diese Pflanze gezielt ausgesucht, um ihre Wehen einzuleiten. Dieselbe Pflanze (aus der Familie der Borretschgewächse) wird auch von Frauen in Afrika zu einem wehenfördernden Tee aufgebrüht.

Viele Tiere wissen nicht nur, welche Pflanze sie brauchen, sondern auch genau, welchen Teil der Pflanze sie verwenden und wie sie ihn zu sich nehmen sollen. So wurden zum Beispiel Schimpansen in Tansania dabei beobachtet, wie sie Pflanzen auf unterschiedliche Weise nutzen. Sie fressen Sträucher, die Aspilia genannt werden und stachelige Blätter produzieren, die sie sorgfältig zusammenfalten und dann in ihrem Mund rollen, bevor sie sie ganz verschlucken. Die stacheligen Blätter schrubben die parasitären Würmer aus ihrer Darmschleimhaut.

Viele Tiere verzehren Mineralien wie Ton oder Holzkohle wegen ihrer heilenden Eigenschaften, was erklären würde, warum Ihr Hund Erde, Schlamm oder sogar Ihren Tontopf frisst. Colobus-Affen auf der Insel Sansibar wurden beobachtet, wie sie Holzkohle von menschlichen Lagerfeuern stahlen und aßen. Warum tun sie das? Die Holzkohle wirkt giftigen Bestandteilen entgegen, die in Mango und Mandelbaumblättern vorkommen, welche ihre natürliche Ernährung ausmachen.

Es ist bekannt, dass einige Arten südamerikanischer Papageien und Aras Erde mit hohem Kaolingehalt fressen. Kaolin wird seit Jahrhunderten in vielen Kulturen als Heilmittel gegen Magen-Darm-Störungen beim Menschen verwendet. Die Ernährung eines Papageis enthält aufgrund der Fruchtsamen, die er frisst, Giftstoffe. Der Kaolinton absorbiert die Giftstoffe und transportiert sie aus dem Verdauungssystem des Vogels, sodass er von den Giften nicht geschädigt wird.

Woher wissen Hunde also, wie sie sich selbst heilen können? Einige Wissenschaftler glauben, dass sie im Lauf der Evolution die angeborene Fähigkeit erworben haben, die richtigen pflanzlichen Arzneimittel auszuwählen: Durch die natürliche Selektion überlebten Wölfe, die in freier Wildbahn heilende Substanzen finden konnten, eher, während unsere Hundegeneration sich auf das zu verlassen scheint, was Menschen ihnen über die verschriebenen Medikamente ihres Tierarztes geben.

Wildtiere sind nicht auf künstlich hergestellte Medikamente angewiesen, um ihre Krankheiten zu heilen – die Medikamente, die sie benötigen, sind in ihrer natürlichen Umgebung verfügbar. Während Tiere in freier Wildbahn instinktiv wissen, wie sie sich selbst heilen können, haben Menschen dieses Wissen aufgrund unserer verlorenen Verbindung zur Natur so gut wie vergessen. Hunde können jedoch immer noch die Wunder der Natur erkennen und davon profitieren! In diesem Kapitel zeige ich Ihnen, wie Sie diese nutzen können.

Im vorigen Kapitel wurden Sie kurz dazu informiert, was Hunde fressen dürfen und was nicht. Beim Durchlesen der Liste eben haben Sie sicher all die Vitamine und Mineralien bemerkt, die in Obst und Gemüse enthalten sind. In diesem Kapitel konzentrieren wir uns nun auf die Verwendung einiger dieser Zutaten in gesunden Rezepten und stellen Ihnen zusätzlich einige andere heilende Zutaten vor, die bei Ihrem Hund gut funktionieren.

* **Leinsamen** (Flachs)[19] wird weltweit angebaut. Die Pflanze produziert winzige Samen, die eine braune oder goldene Farbe und einen nussigen Geschmack aufweisen. Leinsamen sind ungefährlich und sehr nahrhaft für Hunde. Ganze Samen neigen dazu, direkt durch ihr Verdauungssystem zu rutschen, daher sind geschrotete Leinsamen eine bessere Option für Rezepte. Es ist am besten, diese geschroteten Samen sehr kalt im Kühl- oder Gefrierschrank aufzubewahren, um die Frische zu erhalten. Schon ein Teelöffel pro Tag kann helfen, das Fell Ihres Hundes weicher und glänzender zu machen. Leinsamen liefern auch nützliche Ballaststoffe, Omega-Fettsäuren, Antioxidantien und Alpha-Linolensäure. Diese letztere Verbindung ist eine pflanzliche Form von Omega-3, die eine entzündungshemmende Wirkung aufweist.

19 https://www.luckypuppymag.com/7-seeds-that-support-wellness-in-dogs/

- **Chia** bedeutet in der Maya-Sprache eigentlich „Stärke", was naheliegt, da diese Samen ursprünglich von den Mayas, Inkas und Azteken angebaut wurden. Chiasamen wurden verwendet, um Hautirritationen und Gelenkschmerzen zu lindern. Sie sind eine reichliche Quelle für Protein, Zink, Kalium, Magnesium, Phosphor, Eisen, Kalzium, Kupfer und mehrere B-Vitamine. Sie sind auch reich an Antioxidantien und Alpha-Linolensäure. Außerdem gleichen sie Elektrolyte aus, um Stress und Energie während längerem Spielen oder Training zu kontrollieren. Sie sind auch großartig geeignet, wenn Sie einen Hund haben, der ein paar Pfunde verlieren muss, da sie im Magen aufquellen und den Appetit unterdrücken.

- Der **Kürbis** ist nicht nur größenmäßig ein Gigant. Lediglich etwa 28 g Kürbiskerne enthalten knapp 9 g Protein. Sie sind auch voller Folsäure, Niacin, Kalzium, Zink, Ballaststoffen, Aminosäuren, Kupfer, Eisen, Phosphor, Mangan, Magnesium und Kalium – ganz zu schweigen von den Vitaminen A, E und K. Suchen Sie nach einer reichhaltigen Quelle für entzündungshemmendes Omega-3? Volltreffer!

- Außerdem erhalten Ihre Welpen eine gesunde Dosis Tryptophan, um eine beruhigende Entspannung zu fördern. Kürbiskerne enthalten auch eine Aminosäure namens Cucurbitin, die tatsächlich helfen kann, Parasiten im Verdauungstrakt unter Kontrolle zu halten.

Müsliriegel mit Chia, Leinsamen und Kürbiskernen

Müsliriegel sind ein toller Snack für Hunde auf einer langen Wanderung oder prima als gesunder Leckerbissen für den Start in den Tag. Die nach meinem Rezept sind vollgepackt mit Ballaststoffen, Antioxidantien, Honig und gesunden Fetten und eignen sich auch hervorragend für schönes Fell. Sie sind übrigens auch für Menschen köstlich!

Vorbereitungszeit:
20 Minuten

Portionen:
12–24

Ausstattung:
Rührschüssel, Rührlöffel, Pergamentpapier, Messbecher

Zutaten:
* 340 g kernige Haferflocken
* 80 g Kichererbsenmehl
* 220 g Honig
* 60 g Kokosfett geschmolzen
* 50 g Chiasamen
* 50 g Kürbiskerne
* 50 g Leinsamen

Zubereitung:
1. Ofen auf 180°C vorheizen und ein Backblech mit Pergamentpapier auslegen.
2. In einer großen Schüssel Haferflocken, Samen und Mehl verrühren.
3. Mischen Sie den Honig und das geschmolzene Kokosfett in einem Messbecher, träufeln Sie es dann über die Hafermischung und rühren Sie um, bis alle Zutaten vollständig miteinander verbunden sind.

4. Geben Sie die Mischung auf das vorbereitete Blech und drücken Sie sie sehr fest zu einer gleichmäßig dicken Schicht.

5. 20 – 25 Minuten backen oder bis die Oberfläche hellgoldbraun ist.

6. Nehmen Sie das Blech aus dem Ofen und verwenden Sie den flachen Boden einer kleinen Pfanne oder Schüssel, um die Masse erneut flachzudrücken.

7. Lassen Sie die Müsliplatte 15 Minuten auf dem Blech abkühlen und heben Sie sie dann vorsichtig auf ein Schneidebrett herunter. Am besten hält man dazu das Backpapier auf der einen Seite fest und schiebt auf der anderen Seite des Blechs das Schneidebrett unter die Müsliriegel.

8. Schneiden Sie die Teigplatte in 12 große Riegel oder 24 kleinere Riegel. Legen Sie diese auf ein Kuchengitter, bis sie vollständig abgekühlt sind.

9. Bewahren Sie die Riegel in einem luftdichten Behälter auf … sofern Sie diese nicht schon vor Ihrem Hund verspeist haben!

* **Sonnenblumenkerne** stecken voller Nährstoffe, aber sie sind auch reich an Fett, daher ist die Aufbewahrung im Kühlschrank der beste Weg, um ein Ranzigwerden zu verhindern. Sie sind eine hervorragende Quelle für Phytosterole, von denen angenommen wird, dass sie helfen, den Cholesterinspiegel im Blut zu senken, Entzündungen zu kontrollieren, die Herzfunktion zu unterstützen und die Immunität zu stärken. Sie sind auch eine ausgezeichnete Quelle für Selen, Magnesium, Vitamin E, Mangan, Phosphor, Kupfer, Folsäure und mehrere B-Vitamine.

* **Quinoa** wird manchmal als Getreide bezeichnet, aber es ist eigentlich ein Samen einer Pflanze, die mit Spinat und Rüben verwandt ist. Es gilt auch als vollständiges Protein, das alle neun essenziellen Aminosäuren enthält. Quinoa ist eine ausgezeichnete Quelle für die Vitamine E und B6, Folsäure, Magnesium, Mangan, Zink, Kupfer, Kalium, Riboflavin, Thiamin und Niacin. Es ist reich an Ballaststoffen und ungesättigten Fetten und es ist extrem schnell und einfach zuzubereiten, was es zu einem großartigen Mahlzeit-Topper macht. Wie auch immer Sie es aussprechen mögen: Quinoa ist ein nährstoffreicher und proteinreicher Wundersamen.

* **Sesamsamen** werden seit prähistorischen Zeiten angebaut und um das 17. Jahrhundert aus Afrika in die Vereinigten Staaten gebracht. Diese Samen enthalten Verbindungen namens Sesamin und Sesamolin, die nützliche Ballaststoffe sind, die helfen, die Vitamin-E-Reserven zu erhöhen, Bluthochdruck zu kontrollieren und den Cholesterinspiegel zu senken. Es wurde auch festgestellt, dass Sesamin die Leber vor oxidativen Schäden schützt. Sesamsamen sind eine großartige Kupferquelle und geben Ihrem Hund eine beträchtliche Dosis Magnesium, Mangan, Selen, Kalzium, Phosphor und nützliche Ballaststoffe. Sesamöl ist auch eine großartige Möglichkeit, raue, rissige Pfotenballen zu heilen.

* **Hanfsamen** enthalten Omega-9 in Form von Ölsäure; Omega-6 in Form von Linolen- und Gamma-Linolensäure sowie das überaus wichtige Omega-3 in Form von Alpha-Linolensäure. Sie sind voll von Aminosäuren,

glutenfreiem Protein, Chlorophyll und den Vitaminen E und C. Hanfsamen helfen, die Verdauung zu verbessern, Gelenkschmerzen und Entzündungen zu lindern und das Herz-Kreislaufsystem zu unterstützen.

Da wir nun unsere Liste eben mit den Hanfsamen beendet haben und ich von Hanföl gesprochen habe, ist das die Überleitung direkt zu unserem nächsten Thema: Öle, die auch heilen. Genau wie Sie erhält Ihr Hund möglicherweise nicht alle notwendigen Nährstoffe, die er benötigt, wenn er seine normale Ernährung mit verarbeiteten Lebensmitteln zu sich nimmt. Zwar enthalten Standard-Hundefutteretiketten Angaben, dass sie voll mit vielen wichtigen Nährstoffen sind, aber es gehen viele davon während der Herstellung und Lagerung verloren. Diese Öle helfen bei mehreren Problemen und tragen zur allgemeinen Gesundheit und zum Wohlbefinden Ihres Hundes bei:

- **Hanfsamenöl** hat ein Fettsäureprofil, das dem von Fisch näherkommt als jedes andere Pflanzenöl.

Zunächst einmal muss ich klarstellen: Ja, ich weiß, dass Hanf (Cannabis) auf der „Nicht essen-Liste" steht. Während ein Hund, der Ihren Grasvorrat frisst, beängstigend sein kann, hat die Hanfpflanze bei richtiger Anwendung doch mehrere Vorteile für Hunde.
Das Hanfsamenöl wird, wie der Name schon sagt, aus den Samen der Pflanze gewonnen und ist ein reines Speiseöl. Das CBD-Öl, das aus den Blättern und Blüten von speziellem Nutzhanf gewonnen wird, enthält den Wirkstoff Cannabidiol, dieser ist jedoch nicht psychoaktiv wie das berauschende THC aus der als Droge verwendeten Pflanze. Ich bin sicher, Sie haben die Flut neuer Nahrungsergänzungsmittel auf dem Markt gesehen, die entwickelt wurden, um eine ganze Reihe von Gesundheitsproblemen zu behandeln. Diese können den gesundheitlichen Vorteilen von Hanfprodukten bei weitem nicht das Wasser reichen.

* **CBD-Öl** eignet sich hervorragend für Hunde mit Angstzuständen jeglicher Art, sei es bei Gewitter, Feuerwerk, beim Trimmen des Fells, einem Tierarztbesuch usw.

Einer der erstaunlichsten medizinischen Vorteile von Hanf ist seine Fähigkeit, die Häufigkeit von Anfällen zu reduzieren oder diese zu stoppen. Studien zeigen, dass fünf Prozent der Haustiere an Krampfanfällen leiden. Nicht nur, dass die meisten Anfallsbehandlungen ein Rezept vom Tierarzt erfordern, sondern die Behandlungen schädigen mit der Zeit auch die Organe. Bei CBD-Öl ist es umgekehrt: Es hat keine Nebenwirkungen und eine hundertprozentige Wirksamkeit.

Das nächste Rezept entstand, nachdem mehrere Hundebesitzer sich an mich gewandt und gefragt hatten, ob ich etwas gegen die Angst ihrer Hunde vor dem Feuerwerk am 4. Juli tun könnte. Feuerwerk ist ein Riesending in Baltimore, aber viele Hunde laufen aus Angst vor dem Lärm, der dabei gemacht wird, davon. Zu dieser Zeit gab es zwar mehrere CBD-Produkte auf dem Markt, aber keines davon funktionierte bei diesen Hunden. Ich habe mein eigenes CBD-Öl mit Hilfe eines ganzheitlich arbeitenden Heilpraktikers hergestellt, was perfekt funktioniert hat. Ich kenne die auf Hanf bezogenen Gesetze in Ihrem Bundesstaat oder Land nicht, also möchte ich nicht, dass jemand wegen Leckereien für Hunde ins Gefängnis kommt! Ich werde das Rezept jedoch hier für diejenigen veröffentlichen, die sich bei dessen Zubereitung keine Gedanken machen brauchen. Es funktioniert wirklich, aber bitte befolgen Sie das Rezept genau, wenn die Balance stimmen soll. Ich wiederhole es nochmal, falls Ihnen nicht danach ist, das Öl selbst herzustellen, suchen Sie nach einem guten CBD-Öl, das Sie verwenden können.

Hanf-infundiertes Kokosnussöl

Zutaten:

* 340 g Kokosfett
* 1 ½ – 2 g CBD-Hanfblüten[20]

Vorbereitungszeit:
25 Minuten

Portionen:
144

Ausstattung:
Hitzefeste Schale oder Backblech, kleiner Kochtopf, verschließbares Glas zur Aufbewahrung

Zubereitung:

1. Backofen auf 100 – 110 °C vorheizen.

2. Hanfblüten in eine abgedeckte hitzebeständige Schale legen.

3. Hanfblüten für 20 – 25 Minuten backen (decarboxylieren).

4. Kokosfett in einem kleinen Topf erhitzen, bis es sich verflüssigt, und in einen Behälter gießen. Achtung, es darf nicht zu heiß werden!

5. Hanfblüten zerbröseln, bis sie fast zu Pulver geworden sind.

6. Hanfblütenpulver dem Kokosöl hinzufügen. Behälter verschließen.

Bei der Verwendung dieses Öls gilt hier der Grundsatz „Weniger ist mehr". Hunde sind klein im Vergleich zu uns und das Öl ist stark, sodass Sie nur wenig davon benötigen.[21] Allerdings ergeben 340 g auch einhundertvierundvierzig Portionen. Sie können es direkt auf das Futter, bei Rezepten dazu oder mit einer Pipette auf die Zunge Ihres Hundes geben.

---

20 CBD-Blüten können in Deutschland legal bei vertrauenswürdigen Herstellern gekauft oder bestellt werden. Sie fallen laut Entscheidung des Bundesgerichtshofs unter die Ausnahmeregelung zum Betäubungsmittelgesetz, wenn sie aus Saatgut mit EU-Zertifizierung hergestellt wurden und weniger als 0,2 % THC-Anteil aufweisen (Anm. d. dt. Verlages).

21 Die genaue Dosierung richtet sich nach dem Körpergewicht des Hundes und der Konzentration des Öls. Beginnen Sie mit nur 1 – 2 Tropfen pro Tag, beobachten Sie die Reaktion Ihres Hundes genau und befragen Sie im Zweifelsfall Ihren Tierarzt (Anm. d. dt. Verlages).

Das nächste Rezept wurde für einen Hund mit starker Angst entwickelt. Er war mehrmals beim Tierarzt gewesen und hatte mehrere „menschliche" Angstmedikamente verschrieben bekommen, aber nichts half. Es schien, als ob die Medikamente ihn noch ängstlicher und verwirrter machten. Man konnte seine ängstliche Energie fast in der Luft spüren, und er schien ständig Angst zu haben. Ich hatte wirklich Mitleid mit ihm und wollte helfen, aber er war immer unterwegs, also konnte ich keine Pipette benutzen. Ich wusste, dass er süße Sachen mochte, also habe ich ihm welche zubereitet … und wie die funktioniert haben, Junge-Junge! Sie halfen ihm nicht nur gegen seine Angst in allen Situationen, sondern auch, in seinem täglichen Leben insgesamt entspannter zu werden. Das ist für dich, Louie!

CBD-Brownies[22]

Hunde, die Angst haben, zeigen Stress auf unterschiedliche Weise. Keuchen, Zittern, Aggression, zerstörerisches Verhalten und übermäßiges Bellen sind allesamt häufige Anzeichen von Angst. Tierhalter können solche Symptome verwechseln, da ihr Haustier einfach aus Langeweile oder anderen Verhaltensgründen handeln kann. Wenn das allerdings in alltäglichen Situationen auftritt, zum Beispiel während eines Gewitters oder wenn Sie das Haus verlassen, kann dies darauf hindeuten, dass der Hund auf Ängstlichkeit und Stressgefühle reagiert. Ein großes Problem in Baltimore waren Hunde, die während des Feuerwerks am 4. Juli davonliefen. Wir hatten einen ängstlichen Hund namens Louie. Er war ein Rettungshund mit einer interessanten Geschichte angstbedingten Davonlaufens. Der Unabhängigkeitstag am 4. Juli war immer sein größter Albtraum – und damit auch unserer.

Wenn er ängstlich wurde, tat er mir schrecklich leid. Es schien, als würde kein Medikament helfen – tatsächlich machten es alle Medikamente nur schlimmer. Einmal waren uns an einem 4. Juli die Medikamente ausgegangen, und ich wusste, dass es ein großes, lautes Feuerwerk werden würde. Ich wusste, dass Louie süße Sachen mag, also habe ich ihm diese tollen Brownies gemacht. Die Veränderung bei ihm war erstaunlich. Er hatte keine Angst und war eigentlich glücklich. Er hat sogar während des Feuerwerks mit uns gespielt!

Zutaten:

- 110 g Kokosfett
- 340 g Honig
- einige Tropfen CBD-Öl (s. nächste Seite)
- 2 Eier
- 50 g ungesüßtes Johannisbrotpulver
- 60 g Kichererbsenmehl
- Messerspitze Backpulver

Vorbereitungszeit:
30 Minuten

Portionen:
12

Ausstattung:
Rührschüssel, Brownieblech, Kochtopf, Rührlöffel

22 https://www.petcarerx.com/article/how-to-know-if-your-dog-has-anxiety/

Zubereitung:

1. Ofen auf 170 – 180°C vorheizen und ein quadratisches 20-Zentimeter-Blech oder ein Brownie-Blech mit Kokosöl einfetten.

2. In einem kleinen Topf das Kokosfett schmelzen.

3. Vom Herd nehmen und abkühlen, jedoch nicht fest werden lassen.

4. In einer mittelgroßen Schüssel Honig, Eier und abgemessenes CBD-Öl pro Portion mischen (s. Kasten unten). Das bedeutet, wenn Sie ein 20 x 20 cm Blech nehmen und daraus 16 Portionen bekommen, müssen Sie 16 Dosen CBD-Öl dazu geben. Wenn Sie ein Brownie-Blech mit 12 Mulden verwenden, rechnen Sie eine Dosis pro Mulde. Das ist einleuchtend, oder?

5. Johannisbrotpulver, Kichererbsenmehl und Backpulver einrühren. Den Teig auf das vorbereitete Blech streichen.

6. Im vorgeheizten Backofen 25 – 30 Minuten backen. Nicht zu lange!

7. Auf dem Blech auskühlen lassen.

8. Genießen!

Die Einmal-Dosis CBD-Öl (also pro Brownie bzw. Portion) richtet sich nach der Konzentration des Öls und dem Gewicht des Hundes. Wenn Sie 5%iges CBD-Öl verwenden, sind 1 – 2 Tropfen für einen 20 kg schweren Hund ausreichend, bei einem kleineren oder bei 10 %igem Öl entsprechend weniger. Der Hund sollte nur einen Brownie pro Tag fressen, weil die Dosierung sonst zu hoch werden könnte. Achten Sie auf qualitativ hochwertiges CBD-Öl von einem vertrauenswürdigen Hersteller - diese enthält kein (oder nur sehr geringe Spuren) psychoaktives THC! Zur weitergehenden Anwendung von CBD-Öl bei Hunden sprechen Sie mit Ihrem Tierarzt. (Anm. d. dt. Verlages)

Fisch- und Krillöl enthalten beide EPA und DHA, Omega-3-Fettsäuren, die gegen Arthritis helfen, das Gedächtnis verbessern und einige krebshemmende Wirkungen haben. Omega-3-Fettsäuren auf Fischölbasis haben eine natürliche entzündungshemmende Wirkung, die helfen kann, Entzündungsvorgänge im Körper zu reduzieren. Krillöl stammt von winzigen garnelenähnlichen Organismen, die in der Nahrungskette etwas niedriger stehen als Fische. Dadurch ist es weniger wahrscheinlich, dass Krillöl mit Quecksilber kontaminiert ist. Da Hunde Allesfresser sind, die eher zur fleischfressenden Seite tendieren, nehmen sie Fischöle besser auf als pflanzliche Öle. Das Hinzufügen von Fisch- oder Krillöl zu Ihrer täglichen Ernährung ist definitiv eine großartige Idee. Ich zeige Ihnen, womit das auch noch Spaß macht…

Gummibärchen aus Fisch- (oder Krill-) Öl

Wenn Sie einen Hund mit Arthritis haben, wissen Sie, wie unangenehm das für ihn ist. Ich hatte einen Klienten mit schwerer Arthritis, und nichts, was der Tierarzt verschrieben hatte, schien zu wirken. Ich habe mir diese Gummibärchen ausgedacht, um zu helfen, und der Hund liebte sie! Der Geschmack der Gelatine machte sie unwiderstehlich und die Auswirkungen waren lebensverändernd. In Kombination mit meinem Ernährungsplan und CBD-Leckerlis war dieser Hund wieder wie ein Jungspund!

Vorbereitungszeit:
30 Minuten

Portionen:
12 – 24

Ausstattung:
Bonbon / Gummibärchenform, Kokosöl, kleine Rührschüssel, Rührlöffel, Schneebesen, Küchenpapier

Zutaten:
* ca. 30 g nicht aromatisierte Gelatine
* 80 ml kaltes Wasser
* ¼ – ½ TL Fisch- oder Krillöl
* Lebensmittelfarbe (zucker- und xylitfrei, am besten biologische)

Zubereitung:
1. Zutaten richten und eine Gummibärchen- oder Bonbonform aus Silikon bereitstellen. Die Form ist nicht entscheidend, solange sie aus Silikon ist, damit sich alles leicht herauslösen lässt.

2. Papiertuch mit Kokosöl einreiben und die Vertiefungen der Form damit auswischen, um sie mit einer dünnen Ölschicht zu überziehen. Dadurch wird verhindert, dass die Gummibärchen an der Form haften bleiben.

3. In einer kleinen Schüssel die Gelatine und das kalte Wasser verquirlen. Lassen Sie sie 10 Minuten lang bei Raumtemperatur stehen, damit die Gelatine das Wasser aufsaugen und weich werden kann.

4. Die Schüssel in die Mikrowelle stellen und 30 Sekunden lang erhitzen, dann gut verquirlen.

5. Weitere 30 Sekunden in der Mikrowelle erhitzen und umrühren.

6. Das Krillöl einrühren. Lebensmittelfarbe tropfenweise einrühren, bis die gewünschte Farbe erreicht ist.

7. Gelatinemasse in die Vertiefungen der Form gießen.

8. Form etwa 20 Minuten in den Kühlschrank stellen, damit die Gelatine fest wird.

9. Um die Gummibärchen zu entfernen, die Seiten vorsichtig von den Rändern weg und zur Mitte hin drücken. Gummibärchen dann nach oben und aus den Vertiefungen ziehen.

10. Servieren und genießen (übrige Gummibärchen können eingefroren werden).

Kokosnuss-Booster-Schokoriegel

Extra natives Kokosnussöl ist bei uns Menschen sehr beliebt geworden, weil es eine gesündere Alternative zu den stärker verarbeiteten, gesättigten und Transfetten ist. Genau das Gleiche gilt für Hunde. Es hat sich auch gezeigt, dass Kokosöl Hunden beim Abnehmen hilft, ihnen mehr Energie gibt und trockene Haut verbessert. Bonus: Es wird gegen den Mundgeruch Ihres Hundes helfen und ist auch großartig für sein Fell! Dieses coole Süßigkeitenrezept ist nicht nur lecker, sondern auch richtig gesund!

Zutaten:

* 330 g Kokosfett
* 200 g ungesüßtes Johannisbrotpulver
* 1 Orange (geschält, Kerne entfernt)

Vorbereitungszeit:
15 Minuten

Portionen:
4–8

Ausstattung:
Schokoriegelform, Kochtopf, Rührschüssel, Rührlöffel, Kochmesser

Zubereitung:

1. Kokosfett bei schwacher Hitze schmelzen, bis es sich verflüssigt. Herdplatte ausschalten.

2. Die geschälte Orange in kleine Stücke schneiden. Wenn möglich, die Haut von den Seiten der Orangenschnitze entfernen.

3. Das Johannisbrotpulver in eine mittelgroße Schüssel geben und das Kokosöl einrühren.

4. Die Orangenstücke unterheben.

5. Gießen Sie die Mischung in Ihre Formen und kühlen Sie sie, bis sie fest ist.

6. Genießen!

Öle

* **Leinsamenöl** ist reich an Alpha-Linolen-Omega-3-Fettsäuren, und genauso gesund wie Wildfisch, wenn es um die Förderung der Herzgesundheit geht. Wie viele andere gesunde Öle hilft auch Leinsamenöl, die Beweglichkeit von arthritischen Hunden zu verbessern. Es kann sich regulierend auf den Blutdruck auswirken und die Nierenfunktion unterstützen.

* **Olivenöl** ist sehr beliebt und in jedem Lebensmittelgeschäft leicht zu bekommen. Ich tendiere zu Extra Vergine, da es weniger Olivengeschmack hat, aber jedes andere ist ebenso in Ordnung. Olivenöl ist wunderbar für die allgemeine Gesundheit von Hunden. Es sorgt dafür, dass das Haar nicht austrocknet und glänzt, stärkt ihr Immunsystem und hilft, die Auswirkungen von Herz-Kreislauf-Erkrankungen und Diabetes zu verhindern und zu lindern. Es ist großartig für Welpen, deren Systeme die Omega-6- und Omega-3-Fettsäuren nicht gut verdauen können.

* **Sonnenblumenöl** ist eine wunderbare Quelle für Omega-6-Fettsäuren. Es hält die Haut eines Hundes mit Feuchtigkeit versorgt, gibt ihm Energie und hält sein Herz gesund.

* **Distelöl** ist vorteilhaft für Hunde, denen aufgrund schlechter Ernährung ungesättigte Fette in ihrer Ernährung fehlen. Wenn Ihr Hund an Seborrhoe oder Verhornungsstörungen leidet, kann er von der in Distelöl enthaltenen Linolsäure profitieren. Das in Distelöl enthaltene Vitamin E wirkt als Antioxidans und sollte allen Hunden mit Immunerkrankungen und Hautproblemen verabreicht werden. Vitamin E hilft auch, Krebs vorzubeugen und verbessert die Sauerstoffzirkulation.

Kräuter und Gewürze, die Sie und Ihr Hund kennen sollten

Genau wie bei uns Menschen können Kräuter die Mahlzeiten unseres Hundes gesund ergänzen. Kräuter und Gewürze sind für unsere Vierbeiner am besten verdaulich, wenn sie sehr fein gehackt oder im Fall von getrockneten Kräutern zu Pulver zermahlen werden. Fügen Sie diese auf jeden Fall Ihrem Ernährungsplan für eine optimale Gesundheit hinzu.

* **Basilikum** ist ein schönes, blättriges Kraut, das Sie der Rohkost Ihres Hundes hinzufügen können. Basilikum hat antivirale, antioxidative und antimikrobielle Eigenschaften. Es kann helfen, die Auswirkungen von Arthritis zu reduzieren, bei entzündlichen Darmerkrankungen helfen und hilft, Insekten abzuwehren.

* **Zimt** kann helfen, die Gehirnfunktion zu verbessern, den Blutzuckerspiegel zu regulieren, den Blutdruck zu senken und die Energie zu steigern. Es ist auch für seine antimykotischen und entzündungshemmenden Eigenschaften bekannt.

* **Koriander** ist großartig für die Zahngesundheit und ein hervorragender Bakterienwachstumshemmer. Seine antimikrobiellen und antimykotischen Eigenschaften können helfen, Infektionen in Schach zu halten. Wenn Ihr Hund es frisst, hilft es auch, orale Infektionen zu bekämpfen und seinen Atem zu verbessern. Es enthält verschiedene Nährstoffe, darunter Antioxidantien zur Neutralisierung freier Radikale, Vitamin A für gesunde Haut und Sehkraft und Vitamin K zur Unterstützung der Blutgerinnung. Es kann auch bei Verdauungsproblemen wie Blähungen, Flatulenz und Magenverstimmung helfen.

* **Löwenzahn** wirkt sich positiv auf Leber, Haut, Nieren und Harnwege sowie auf das Verdauungs- und Kreislaufsystem aus und ist reich an Kalium.

Löwenzahn ist ein starkes, aber sicheres Diuretikum. Wenn man das weiß, ist Löwenzahn vorteilhaft für Hunde mit Herzproblemen, welche Wasseransammlungen im ganzen Körper verursachen, da es hilft, das Wasser auszuscheiden. Die harntreibende Eigenschaft von Löwenzahn macht es auch zu einem wirksamen Kraut für Hunde mit Harnwegsinfektionen. Es kann bei einer Erhöhung des Urinflusses helfen, indem es die Bakterien, die die Infektion verursachen, ausspült und beseitigt. Löwenzahn ist auch ein leichtes Schmerzmittel.

* **Knoblauch** hat zu Verwirrung darüber geführt, ob Besitzer ihn für Hunde verwenden sollten, hauptsächlich weil Knoblauch aus der Familie der Zwiebeln stammt und Zwiebeln definitiv nicht gut für Hunde sind. Aber wenn man Knoblauch in kleinen Mengen verwendet, ist er sowohl gefahrlos als auch nützlich. Verwenden Sie nur eine frische Zehe, fein gehackt – etwa ¼ Teelöffel ein oder zwei Mal pro Woche für einen 20 kg schweren Hund ist genug. Knoblauch ist ein natürliches Antibiotikum und Antioxidans, das die Immunität stärkt. Es unterstützt die Verdauung und enthält die Vitamine A, B-Komplex und C, Proteine und Spurenelemente. Es gibt Hinweise darauf, dass das Hinzufügen von geringen Mengen an Knoblauch ins Futter eines Hundes nützlich gegen Flöhe sein kann.

* **Ingwer** ist eine entzündungshemmende, antioxidative Verdauungshilfe, die die Durchblutung unterstützt. Es ist auch großartig bei Übelkeit oder Reisekrankheit, wenn Sie einen Hund haben, der keine Ausflüge mag. Wenn Ihr Hund Arthritis hat, ist Ingwer großartig, um die Symptome zu lindern.

* **Minze** sorgt nicht nur für frischen Atem, sondern ist auch eine gute Quelle für die Vitamine A und C. Sie enthält auch Mineralien wie Kalzium, Kupfer, Folsäure, Eisen, Magnesium, Mangan, Niacin, Phosphor, Kalium, Riboflavin und Zink. Ihre beruhigende Inhaltsstoffe können eingesetzt werden, um Magenverstimmungen zu lindern, Blähungen zu reduzieren und Übelkeit und Reisekrankheit abzuwehren. Minze ist ein starkes Antioxidans, das

auch für seine antibakteriellen, antiviralen, antimikrobiellen und antimykotischen Eigenschaften bekannt ist.

- **Mariendistel** stärkt und schützt die Leber vor Giftstoffen und ist ein außergewöhnliches und äußerst fesselndes Kraut bei der Behandlung von Hunden mit Lebererkrankungen und damit verbundenen Störungen. Hunde mit Morbus Cushing haben große Mengen an Cortisol, die in ihrem Blut zirkulieren. Dies belastet die Leber, da sie stark genug sein muss, um die zusätzliche Menge an Cortisol abzubauen. Sie neigen auch zu einer hohen Konzentration an Leberenzymen, die unbehandelt bleibende Leberschäden verursachen. Um die Leber zu stärken, können Hunde mit Cushing enorm davon profitieren, wenn ihre Ernährung mit Mariendistel ergänzt wird. Außerdem leiden viele Hunde mit entzündlichen Darmerkrankungen zu Reizungen der Bauchspeicheldrüse und der Leber. Wenn Ihr Hund also an IBD und zusätzlichen Leber-/Bauchspeicheldrüsenproblemen leidet, hilft Mariendistel auch dabei.

- **Brennnessel** ist reich an Proteinen, Vitaminen A, C, K, B-Komplex und Mineralien wie Kalzium, Phosphor, Eisen, Magnesium und Kalium. Aufgrund ihres reichen Vitamin- und Mineralstoffgehalts ist Brennnessel ein gutes Kraut für Hunde, die einen zusätzlichen Schub an Spurenelementen und Vitaminen in ihrer Ernährung benötigen. Zusätzlicher Vorteil: Brennnessel hat auch antibakterielle, adstringierende und antihistaminische Eigenschaften.

- **Oregano** hilft bei Entzündungen im Zusammenhang mit Arthritis, ist reich an Antioxidantien und kann bei der Entgiftung von einer stark verarbeiteten Ernährung hilfreich sein. Es hilft, das Fell und die Haut gesund zu halten. Oregano ist reich an Flavonoiden und gilt als antimikrobiell. Dieses ungiftige Kraut wurde verwendet, um bei Verdauungsproblemen, Durchfall und Blähungen zu helfen.

* **Petersilie** ist antibakteriell, antioxidativ, hilft bei der Entgiftung und ist reich an Ballaststoffen und Proteinen. Sie enthält eine Vielzahl von nützlichen Vitaminen und Mineralstoffen. Petersilie hilft gegen Mundgeruch und fördert die Verdauung. Sie kann bei Harnwegsinfektionen und möglicherweise bei Inkontinenz helfen. Sie dürfen den Mahlzeiten Ihres Hundes nur kleine Mengen Petersilie hinzufügen, da sehr große tägliche Mengen Petersilie für Ihren Hund giftig werden könnten.

* **Pfefferminze** ist krampflösend – sie hilft auch, die Durchblutung anzuregen, was der Haut und dem Fell Ihres Hundes zugutekommen kann. Ätherisches Pfefferminzöl kann Reisekrankheit und Arthritis behandeln und sogar Insekten abwehren. Es ist auch großartig für die Verdauung.

* **Rosmarin** ist reich an Antioxidantien und gut für die Herzfunktion und das Nervensystem. Er ist reich an ätherischen Ölen und enthält Flavonoide – eine Gruppe von Pflanzenstoffwechselprodukten, deren gesundheitsfördernde Eigenschaften darin bestehen, dass sie Wege zum Senden von Signalen an die Zelle schaffen und dabei oxidative Effekte haben. Rosmarin enthält außerdem Phenolsäuren. Das sind leicht resorbierbare Antioxidantien im Magen-Darm-Trakt, die durch freie Radikale entstehende Zellschäden verhindern. Er wirkt beruhigend, antidepressiv und hilft gegen Angst und Nervosität. Er kann zur Behandlung von Arthritis, Steifheit und Muskelschmerzen, Neuralgie und Ischias verwendet werden, insbesondere bei älteren Hunden.

* **Salbei** ist gut für die Verdauung und kann Blähungen und Flatulenzen lindern. Er wird von Kräuterkennern verwendet, um die Blutzuckerregulierung zu unterstützen, ist gut für die kognitive Funktion und hilft, Angst zu reduzieren.

* **Thymian** ist eine gute Verdauungshilfe mit antibakteriellen Eigenschaften. Er ist gut für die Haut und unterstützt die Magen-Darm-Gesundheit sowie die Gehirnfunktion.

- **Kurkuma** ist ein starkes Antioxidans mit entzündungshemmenden Eigenschaften. Es enthält eine Verbindung namens Curcumin, die im Wesentlichen sein Wirkstoff ist. Vom Curcumin rühren die antioxidativen, entzündungshemmenden, antiviralen, antibakteriellen, antimykotischen, wundheilenden und krebsbekämpfenden Eigenschaften her. Es kann helfen, Krankheiten wie Arthritis, Diabetes, Krebs, Lebererkrankungen, Magen-Darm-Probleme und mehr zu bekämpfen. Manche nennen es „Cure-Cumin" wegen seiner langen Liste von vielversprechenden therapeutischen und klinischen Anwendungen.

Wichtiger Hinweis!
Denken Sie bei der Verwendung von Heilkräutern und Gewürzen in der Nahrung Ihres Hundes daran, dass Hunde kleiner sind als wir und kleinere Mengen benötigen. Halten Sie sich bei der Verwendung von pulverisierten Kräutern und Gewürzen zum Beispiel an diese Regel:

Sehr kleiner Hund: ⅛ Teelöffel pulverisierte Kräuter oder Gewürze

Kleiner Hund: ¼ Teelöffel Kräuter- oder Gewürzpulver

Mittlerer Hund: ½ Teelöffel Kräuter- oder Gewürzpulver

Großer Hund: ¾ Teelöffel Kräuter- oder Gewürzpulver

Extra großer Hund: 1 Teelöffel Kräuter- oder Gewürzpulver

KAPITEL 6

Zubereitung von Frischfutter

Meine Veranlassung, selbst für Hunde zu kochen, war, das mir nicht gefiel, was ich bei industriell hergestelltem Hundefutter sah. Ich fragte mich, warum wir Hunde so füttern, wie wir es tun, und was man tun müsste, um das zu verbessern. Ich habe mich auch gefragt, warum wir Menschen den Glauben hegen, Hundefutter müsse aus einer Packung daherkommen, aus der wir es für die Hunde in einen Napf streuen. Wie sind wir soweit gekommen? Lassen Sie uns für einen Moment in die Geschichte des Hundefutters eintauchen:

Das weltweit erste kommerzielle Hundefutter wurde 1860 von einem Elektriker aus Ohio namens James Spratt entwickelt. Auf dem Weg zur Arbeit bemerkte er entlang der Flussufer im Norden Londons, wie Hunde Reste von Keksen fraßen, die Seeleute auf langen Reisen aßen und zurückließen. Diese preiswerten Dauerkekse wurden aus Mehl, Wasser und Salz hergestellt. Spratt dachte, dass Hundebesitzer in ähnlicher Weise haltbare Futtermöglichkeiten für ihre Haustiere bräuchten, also hängte er seinen Beruf als Elektriker an den Nagel und stieg in das Geschäft mit Hundefutter ein

Spratt nannte seine Kreation „Meat Fibrine Dog Cakes" und sie enthielten eine Mischung aus Weizen, Gemüse, roter Bete und sogenannten „getrockneten, ungesalzenen, gallertartigen Teilen von Prairiefleisch". Er bewarb sein teures Futter zunächst bei den Reichen, später wurde es als vollwertige Mahlzeit für Hunde dargestellt.

Spratt setzte eine aggressive Werbestrategie ein, die sich an gesundheitsbewusste Tierhalter und Teilnehmer von Hundeausstellungen richtete.

Im Januar 1889 kaufte er die gesamte Titelseite der ersten Zeitschrift des American Kennel Club, um für sein Hundefutter zu werben. Bei der Werbung für sein Produkt bat er einige alte Freunde (sprich: reiche, englische Landherren) um Empfehlungen, in denen die Vorteile von Spratts Hundekuchen angepriesen wurden. Die amerikanische Öffentlichkeit war begeistert und tauschte die Essensreste, die sie ihren Hunden gefüttert hatte, schnell gegen Spratts Kekse. Sie schlossen sich schließlich auch seiner Philosophie der „Lebensphasen" für Hundefutter an.

Spratts Geschäft boomte, aber er weigerte sich, offenzulegen, welches Fleisch genau in seinen Produkten verwendet wurde. 1922 wurde das erste Dosenfutter für Hunde unter dem Markennamen „Ken-L Ration" eingeführt. Es führte Pferdefleisch als Hauptbestandteil auf und wurde offiziell zertifiziert. Bis 1941 war Dosenfutter so erfolgreich, dass die Produzenten Pferde extra für Hundefutter züchteten und rund fünfzigtausend von ihnen pro Jahr schlachteten. Als jedoch während des Zweiten Weltkriegs Dosen und Fleisch rationiert wurden und Tiernahrung als nicht systemrelevant eingestuft wurde, mussten die Produzenten kreativ werden. Die Kombination dieser auferlegten Rationierungen und der Ablehnung von Tierfreunden, die wütend darüber waren, wie viele Pferde jedes Jahr für Hundefutter getötet werden, schuf eine einmalige Gelegenheit, neuen Schwung in die Tierfutterindustrie zu bringen.

Mehrere große Namen schlossen sich dem Rennen um ein neues, haltbareres Produkt an, darunter General Mills, der Spratts US-Geschäft in den 1950er Jahren übernommen hatte, und The Ralston Purina Company, die begannen, mit den Maschinen zu experimentieren, die sie für ihre Chex-Frühstücksflocken verwendeten.

1956 wurde das erste Trockenfutter mittels Extrusion hergestellt – ein Verfahren, das zur Herstellung großer Mengen haltbarer Lebensmittel verwendet wird. Es funktioniert so: Nasse und trockene Zutaten werden zu einer teigartigen Konsistenz vermischt, die dann in eine Maschine namens Expander gegeben wird. Der Teig wird unter extremem Druckdampf und hohen Temperaturen gekocht, bevor er durch eine Stanzmaschine extrudiert (oder geschoben) wird und die kleinen Formen bildet, die wir heute als Trockenfutter kennen. Die Nutzung der Extrusion für die kommerzielle Trockenfutter-Produktion gewann in den 1960er und 1970er Jahren an Dynamik, als Unternehmen diese Technologie dafür nutzten, neue Geschmacksrichtungen und Sorten zu kreieren.

1964 startete eine Lobbygruppe namens „The Pet Food Institute" eine Reihe von Werbekampagnen, um die Verbraucher davon zu überzeugen, dass kommerziell hergestelltes Hundefutter die einzige Option zum Füttern sei. Die Kampagnen waren äußerst erfolgreich, um die amerikanische Öffentlichkeit davon zu überzeugen, dass die Ernährung ihrer Hunde auf Trockenfutter basieren sollte und erinnerten an die frühen Marketingstrategien, die James Spratt vor so vielen Jahren angewendet hatte.

Während diese Geschichte ein hervorragendes Beispiel zur Verdeutlichung des amerikanischen Traums eines Unternehmers ist, ist sie für einige Hundeeltern zu einem Alptraum geworden, da immer mehr Hundefirmen minderwertige Zutaten und unsichere Methoden verwenden, um ein verkaufsfähiges Produkt zu erzielen. Klingt vertraut, oder? Scheint, als hätten die Menschen eine ähnliche Entwicklung durchlaufen, und die Folgen des Lebens mit verarbeiteten Lebensmitteln sind für beide gleichermaßen gefährlich. Wie wir im Laufe der Jahre gelernt haben, ist Fast Food für nichts anderes als Bequemlichkeit gut.

Als ich selbst anfing, Futter für Hunde herzustellen, musste ich mich fragen: „Was haben Hunde gefressen, bevor wir ins Spiel gekommen sind?" Wir dürfen nicht vergessen, dass die ersten menschlichen Knochen vor Millionen von

Jahren die Knochen ihres Gefährten direkt neben sich hatten. Was haben sie ihrem Hund gefüttert?

Ich würde vermuten, dass sie ihr Essen erlegt und es hoffentlich miteinander geteilt haben. Nun, es ist nicht mehr notwendig, irgendwelche Tiere für Nahrung zu töten, und Menschen essen nicht mehr viel rohes Fleisch. Wir haben jedoch in unseren Lebensmittelgeschäften Zugang zu frischen Proteinen, Obst und Gemüse, und mit dem Wissen, das Sie sich aus diesem Buch aneignen, können auch Sie ein Hundekoch werden.

Als erstes müssen Sie verstehen, dass Sie kein Tierarzt oder Wissenschaftler zu sein brauchen, um Hundefutter herzustellen. Wenn man Nahrung für alles herstellen will, was auf diesem Planeten kreucht und fleucht, dann muss man die Bedeutung einer ausgewogenen Ernährung verstehen. Als Sie etwas über die Verdauung und das Immunsystem gelernt haben, sind Ihnen wahrscheinlich Ähnlichkeiten mit Ihrem eigenen Verdauungssystem aufgefallen und wie dieses Mineralien und Nährstoffe verteilt. Bei der Verarbeitung von Lebensmitteln gehen viele essenzielle Nährstoffe verloren, was zu einem geringen Nährwert führt. Die Fütterung von frischem Futter verbessert nicht nur den Alltag Ihres Hundes, sondern verlängert es auch. Alle unsere Lebensmittel sollen von der Lebensmittelbehörde Food and Drug Administration (FDA) „reguliert" werden.[23] Die FDA gewährleistet die Sicherheit einer im Laden gekauften Dose Katzenfutter, Tüte Hundefutter oder Schachtel mit Leckereien oder Snacks für Hunde in Ihrer Speisekammer.

Die Vorschriften der FDA für Heimtiernahrung ähneln denen für andere Tiernahrung. Der Federal Food, Drug, and Cosmetic Act (FFDCA) „erfordert, dass alle tierischen Lebensmittel, wie menschliche Lebensmittel, sicher im Verzehr sind, unter hygienischen Bedingungen hergestellt werden, keine schädlichen Substanzen enthalten und wahrheitsgemäß gekennzeichnet sind. Darüber hi-

---

23 In Deutschland und der EU sind Zulassung und Kontrolle von Heimtierfutter durch eine EU-Verordnung geregelt, die in Deutschland von den Ministerien für Verbraucherschutz oder Ernährung und Landwirtschaft umgesetzt und kontrolliert wird. Futtermittelhersteller müssen ein Zulassungsverfahren durchlaufen und können auf allen Stufen der Produktion jederzeit kontrolliert werden. Für die Inhaltsstoffe gilt eine Deklarationspflicht (Anmerkung d. dt. Verlages).

naus muss Tierfutter in Dosen in Übereinstimmung mit den Vorschriften für Dosenfutter mit niedrigem Säuregehalt verarbeitet werden, um sicherzustellen, dass das Tierfutter frei von lebensfähigen Mikroorganismen ist!"

Tiernahrungsprodukte brauchen von der FDA vor dem Inverkehrbringen nicht zugelassen werden. Die FDA stellt jedoch sicher, dass die in Tiernahrung verwendeten Zutaten sicher sind und eine angemessene Funktion in der Tiernahrung haben. Viele Zutaten wie Fleisch, Geflügel und Getreide gelten als sicher und bedürfen keiner Zulassung vor dem Inverkehrbringen. Andere Substanzen, wie Mineralquellen, Vitamine oder andere Nährstoffe, Geschmacksstoffe, Konservierungsstoffe oder Verarbeitungshilfsstoffe, können allgemein als sicher für eine beabsichtigte Verwendung anerkannt werden.

Dies sind die einzigen bestehenden Richtlinien für im Laden gekaufte Hundenahrung und menschliche Nahrung. Woher weiß man, dass es wirklich ausgewogen ist?

Es gibt mehrere Möglichkeiten, Futter für Ihren Hund zuzubereiten. Von der „BARF"-Diät haben Sie schon gehört, oder? BARF steht für „Biologisch artgerechte Rohkost" und „Knochen und Rohkost" (bones and raw food). Diese Art der Fütterung brachte der Tierarzt und Ernährungswissenschaftler Dr. Ian Billinghurst in Umlauf. Das Prinzip besteht darin, Hunde mit derjenigen Ernährung zu füttern, für die sie sich entwickelt haben: eine rohe Ernährung, die aus frischem, ungekochtem und wildem Fleisch und Gemüse besteht. Die genetische Ausstattung domestizierter Hunde unterstützt diese Art der Ernährung – wie bereits erwähnt, sind Hunde im Wesentlichen die gleichen wie ihre Vorfahren. Die Rohkost ist proteinreich, fettarm und hat minimale Mengen an Kohlenhydraten. Diese Diät enthält nur Muskel- und Organfleisch, rohe Fleischknochen, Öle, Obst und Gemüse. Ich glaube von ganzem Herzen an diese Theorie und habe gesehen, dass sie nur positive Ergebnisse liefert. Bevor wir uns mit dem „Wie" befassen, lassen Sie uns über das „Warum" sprechen.

Vorteile der Rohfütterung

Die Ernährung Ihres Hundes mit Rohkost hat zahlreiche gesundheitliche Vorteile. Dazu gehören:

* Schlankerer, muskulöserer Körperbau
* Haut- und Fellgesundheit
* Sauberere Zähne
* Weniger Hundegeruch
* Lebendige, ruhige Energie

Außerdem, für alle Umweltbewussten unter Ihnen: Die Rohkostfütterung verringert Ihren ökologischen Fußabdruck. Rohkost wird vom Körper des Hundes besser verwertet, was kleineren Stuhlgängen gleichkommt.

Trotz der vielen gesundheitlichen Vorteile liegt ein Nachteil von Rohkost in der Gefahr, dass Ihr Hund unausgewogen ernährt wird. Es ist großartig, dass sich viele Besitzer selbst darum kümmern wollen. Leider wissen die meisten Menschen aber nicht, wie sie die von Hunden benötigten Mikronährstoffe ausgewogen anbieten können. Das kann dann zu Mangelerscheinungen und späteren Gesundheitsproblemen führen.

Sofern Rohkost für Ihren Hund nichts Neues ist, kann die Umstellung oft innerhalb einer Woche erfolgen. Entscheidend ist es, langsam vorzugehen, wie Sie es auch bei jeder Ernährungsumstellung tun würden. Welpen können im Laufe von ein paar Tagen umgestellt werden, da sie normalerweise ein gesünderes Verdauungssystem haben als ältere Hunde. Je älter der Hund ist, desto länger sollte die Umstellung auf die neue Rohkost dauern. Ich empfehle, Ihren Hund vor der ersten Mahlzeit mindestens einen halben Tag fasten zu lassen, um für einen guten Appetit zu sorgen. Füttern Sie ein wenig, um zu sehen, wie der Hund mit dem frischen Futter zurechtkommt. Wenn alles in Ordnung ist, ersetzen Sie weiterhin ein wenig von der ursprünglichen Ernährung durch die neue Rohkost. Wenn Ihr Hund weichen Kot hat, warten Sie, bis der Kot wieder fest geworden ist, bevor Sie die Ernährung weiter umstellen.

Als Faustregel für den Anfang nehme ich gerne eine 30/70-Aufteilung für kleinere Hunde und passe sie entsprechend an. Diese Regel ermöglicht es Ihnen, am Anfang Lebensmittel in Fünf-Kilo-Schritten zuzubereiten, beginnend mit 30 Prozent Proteinanteil im Futter. Da Organfleisch dichter ist, sollten Sie es nie als Hauptproteinquelle verwenden. Ein wenig reicht vollkommen aus. Organfleisch hilft, den Urtrieb eines Hundes zu entfachen und hat einen sehr starken Geruch, sodass es ihn definitiv für das Futter begeistert.

Woraus bestehen die anderen 70 Prozent? Ich bin froh, dass Sie gefragt haben, denn hier kommen die letzten beiden Kapitel ins Spiel. Jedes Gemüse und jede Frucht erfüllt einen Zweck in der Ernährung eines Hundes. Während wir sie in den Mahlzeiten sparsam verwenden, werden die Vorteile fast sofort offensichtlich.

Dieses erste Gericht basiert auf Gretas erster Rohkost, wurde aber für eine Kundin zubereitet, die ihren Hund von Trockenfutter auf Rohkost umgestellt hat. Die Kundin war besorgt, dass ihr Hund es nicht mögen würde, und ihr Tierarzt war besorgt, dass frisches Futter nicht genug Kalzium enthielt. Also habe ich nach einem Gespräch mit ihrem Tierarzt diese Mahlzeit kreiert. Verwenden Sie niemals Knochenmehl aus dem Gartenmarkt. Stellen Sie es selbst her! Es kann ziemlich einfach gemacht werden und kann Geld sparen, wenn Sie einige Knochen von einer vorherigen Mahlzeit übrig haben. Wenn Sie Ihr eigenes Knochenmehl herstellen, empfehlen sich dafür Geflügelknochen, da diese einfach zu verarbeiten sind. Allerdings splittern und brechen sie leicht, sodass Sie auch Rinderknochen verwenden können (möglicherweise müssen Sie Rinderknochen kochen, um sie elastisch genug fürs Schneiden zu machen). Schneiden Sie die Knochen einfach in kleine Stücke, bevor sie austrocknen, solange sie noch weich sind. Trocknen Sie die kleinen Knochenstücke einige Tage lang, lassen Sie sie aushärten und gründlich trocknen, bevor

Sie sie in eine Gewürzmühle geben und zu Pulver mahlen. Wenn Sie nach einer allgemeinen Richtlinie zum Portionieren von Mahlzeiten suchen, lautet die Faustregel, dass Sie Ihrem erwachsenen Hund zwei bis drei Prozent seines Körpergewichts geben, wenn es um Futter geht. Wenn Ihr Hund zum Beispiel etwa 25 kg wiegt, geben Sie ihm 450 g oder zwei Tassen Futter pro Tag. Wenn Ihr Hund die Hälfte davon wiegt, braucht er eine Tasse und so weiter.

Warum rohe Knochen?

Rohe Knochen bieten viele ernährungsphysiologische, körperliche und mentale Vorteile. Sie sind seit Tausenden von Jahren für das Wohlbefinden von Hunden unerlässlich, um die Zähne zu reinigen, Nährstoffe bereitzustellen und sie davon abzulenken, Dinge zu zerstören.

Während viele Schwierigkeiten mit rohen Knochen haben, bin ich ein großer Fan davon. Sie bieten eine Reihe von Gesundheits- und Wellnessvorteilen für Hunde. Sie sind vollständig verdaulich, vollkommen natürlich und ein wichtiger Bestandteil der täglichen Ernährung eines Hundes.

Sie können Knochen mahlen und sie dem Futter Ihres Hundes hinzufügen oder Sie können ihm einen großen Knochen zum Kauen geben. Wenn Sie nach etwas suchen, das viel Zeit zum Kauen benötigt, wählen Sie einen Hüft- oder Oberschenkelknochen von großen Tieren wie Kühen und Bisons, die mit Mark gefüllt sind.

Rohe Knochen machen nicht nur Spaß beim Kauen, sie helfen auch, die Zähne Ihres Hundes zu reinigen. Das Kauen von rohen Knochen ist eine großartige Möglichkeit, Zahnstein von den Zähnen von Hunden (insbesondere den Backenzähnen) zu entfernen und sie perlweiß zu halten. Übermäßige

Zahnsteinbildung verursacht Mundgeruch, Karies und Gingivitis. Es kann zu teuren Zahnsteinentfernungen und Extraktionen führen, die nur von einem Tierarzt durchgeführt werden können. Ein roher Knochen, nach einer Mahlzeit gegeben, trägt zur Stimulation der Speichelenzyme bei. Alles, was diese dazu benötigen, sind 10 bis 15 Minuten Zeit, um Speisereste von den Zähnen zu entfernen.

Rohe Knochen sind auch eine fantastische Quelle für Mineralien wie Kalziumphosphat, die das richtige Wachstum Ihres Hundes unterstützen. Tatsächlich ist das Kalzium in rohen Knochen viermal besser verdaulich als im Laden gekaufte Nahrungsergänzungsmittel.

Im Allgemeinen ist das Hinzufügen von Knochenmehl zum Futter Ihres Hundes ein Plus und wird auf jeden Fall empfohlen. Wenn Sie nicht über die Ausrüstung zum Zerkleinern von Knochen verfügen, geben Sie Ihrem Hund nach dem Fressen einen rohen Knochen, um die Zähne zu reinigen und die anderen Vorteile von rohen Knochen zu nutzen.

Was ist eine ausgewogene Mahlzeit für meinen Hund und wie stelle ich diese zusammen?

In den vielen Jahren, in denen ich Hundemahlzeiten hergestellt habe, habe ich gelernt, dass der Schlüssel zu einem gesunden Hund die Ausgewogenheit ist. Hunde sind Allesfresser – sie gedeihen mit frischem Protein und Innereien und profitieren von frischem Obst und Gemüse, genau wie wir. Wie Sie jedoch in Kapitel 3 erfahren haben, verarbeiten sie Lebensmittel auf andere Weise als wir. Es ist wichtig, diese Unterschiede beim Zubereiten von Lebensmitteln zu verstehen, damit Sie Ihre Schwerpunkte entsprechend anpassen können.

Protein ist die Hauptenergiequelle eines Hundes, daher müssen Sie bei der Auswahl eines Proteins einige Dinge berücksichtigen. Menschen essen saisonal. Im Herbst und Winter essen sie heiße Proteine wie Rindfleisch oder wärmende Proteine wie Lamm, Wild oder Huhn. In den Frühlings- und Sommermonaten neigen sie zu kalten Proteinen wie Fisch, Kaninchen oder Ente (zusätzlich zu Truthahn, der neutral und für alle Jahreszeiten ist). Diese Philosophie gilt auch für Hunde – wenn Sie Ihrem Hund ein Protein füttern, das für eine andere Jahreszeit bestimmt ist, kann dies ein chronisches Hautproblem erklären, das Ihr Hund möglicherweise hat.

Die Traditionelle Chinesische Medizin besagt, dass sich ein Überschuss an Yin (Kälte) als Schwäche, Trägheit oder sogar Arthritis äußern kann, während ein Überschuss an Yang (Hitze) sich als Reizbarkeit, Austrocknung, Hautirritationen und Verdauungsstörungen manifestieren kann. Ein Hund, der „heiß" ist, fühlt sich oft warm an und kann sogar im Ruhezustand hecheln. Dieser Hund mag ruhelos erscheinen und sucht ständig nach kühlen Orten. Augen und / oder Haut können Rötungen und Reizungen aufweisen. Ich würde sehr reaktive oder ängstliche Hunde und solche, die von chronischen Allergien betroffen sind, als „heiße" Hunde bezeichnen, die mit neutralem oder kaltem Protein gefüttert werden sollten. Ein „kalter" Hund ist ein Hund, der Anzeichen von allgemeiner Müdigkeit, Schwäche, Kurzatmigkeit, Bewegungsunverträglichkeit und/oder Trägheit zeigen kann. Diese Hunde neigen dazu, warme Orte aufzusuchen. Sie können Harn- und/oder Stuhlinkontinenz, Gelenkschmerzen, die sich bei kaltem Wetter verstärken, oder Steifheit haben, die sich mit Ruhe verschlechtert. Wenn Sie Ihre Hand auf einen „kalten" Hund legen, stellen Sie möglicherweise fest, dass sich Rücken, Gliedmaßen und/oder Ohren kalt anfühlen.

Dies gilt auch für das von uns verwendete Gemüse und Obst. Im Allgemeinen gibt es saisonales Gemüse für jedes Land, aber wenn Sie in einem westlichen Industrieland leben, können Sie das ganze Jahr über alles bekommen, was Sie wollen. Wenn Sie Gemüse und Obst in den Mahlzeiten Ihres Hundes verwenden, verstehen Sie deren Platz in der Ernährung.

Ich neige dazu, den saisonalen Ansatz zu verfolgen, um meinen Hunden Abwechslung zu bieten. Was auch immer für Ihren Hund passt, sollten Sie tun. Die Anwendung dieser Philosophie hilft mir seit Jahren, Hunde mit Beschwerden zu heilen.

Wenn Sie Ihre Mahlzeiten nach dieser Philosophie zusammenstellen, müssen Sie mit einer Grundlinie bezüglich der Portionierung Ihrer Zutaten beginnen. Ich habe eine Ernährungspyramide für Hunde entwickelt, der Sie folgen können, basierend darauf, wie ich bei der Erstellung von Essensplänen vorgehe. Es gibt viele verschiedene Methoden, aber diese ist einfach und leicht zu merken.

Kühlende Lebensmittel:

* Äpfel
* Bananen
* Tomaten
* Orangen
* Wassermelone
* Alle Blattgemüse
* Pfefferminze
* Zucchini
* Mungobohnen
* Amaranth
* Weizen
* Seetang
* Joghurt
* Brokkoli und Blumenkohl

Neutrale Lebensmittel:

* Reis
* Erbsen
* Linsen
* Dicke Bohnen

Wärmende Lebensmittel:

* Ingwerwurzel
* Hafer
* Andenhirse
* Sesam
* Nüsse
* Fenchel
* Anis
* Johannisbrot
* Kreuzkümmel
* Alle Wurzelgemüse
* Knoblauch

Hundefutter-Ernährungspyramiden

Großer Hund

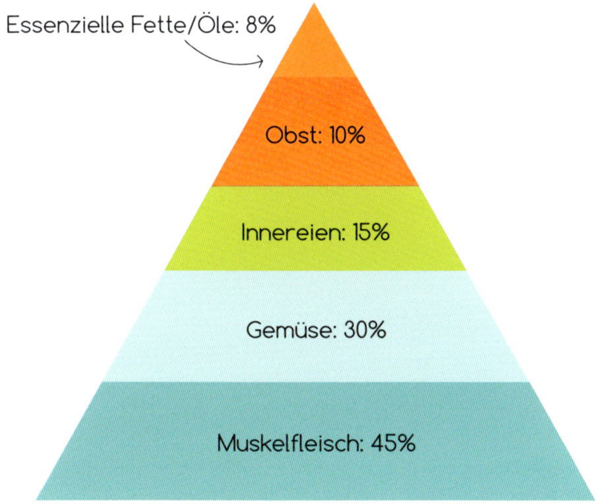

Mittelgroßer Hund

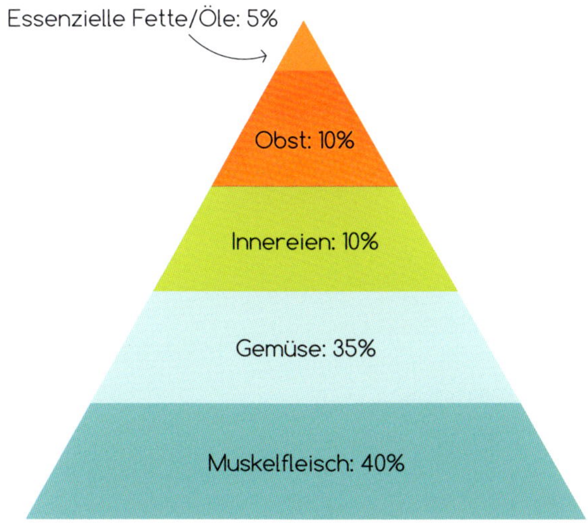

Kleiner Hund

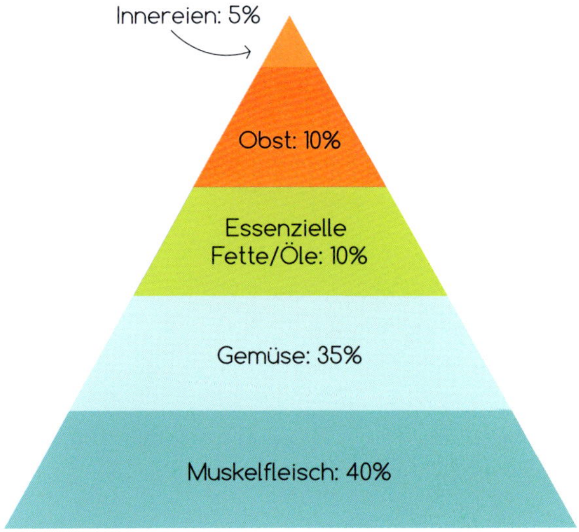

Zubereitung von Gemüse und Obst

Bei der Zubereitung frischer Lebensmittel müssen Sie einiges beachten. Der Verdauungstrakt eines Hundes ist kürzer und saurer als der eines Menschen. Er kaut keine Dinge zu Brei, bevor er sie schluckt. In diesem Sinne ermöglicht es das Waschen der Gemüse und das Zerkleinern in der Küchenmaschine, dass Hunde es gründlich und gleichmäßig im Verdauungstrakt verdauen können. Es ist wirklich nicht nötig, sie zu kochen, da ihre Magensäure hoch konzentriert genug ist, um damit zurechtzukommen. Wenn Sie jedoch einen älteren Hund mit Verdauungsproblemen haben, können Sie Ihr Gemüse etwa eine Minute lang kochen, um den Verdauungsprozess zu unterstützen. Früchte müssen auch in der Küchenmaschine zerkleinert werden, aber ich empfehle nicht, sie zu kochen.

Vorbereitung der Proteine

Bei der Verwendung von Rohproteinen ist es zwingend erforderlich, die möglichst frische Option zu verwenden. Säubern Sie das Fleisch wie für den menschlichen Verzehr und seien Sie vorsichtig, wenn Sie rohes Hähnchen verwenden, da Salmonellen auftreten können. Während Salmonellen selten auf Hunde übertragen werden, kann das Berühren von rohem Hähnchen und das Verschlucken der Bakterien für Sie selbst gefährlich sein. Meine Hunde lieben alle rohes Fleisch, aber Hühnchen kann je nach Lieferant gut oder schlecht sein. Aus diesem Grund schlage ich vor, dass Sie Hühnerfleisch leicht kochen. Aber Achtung, kochen Sie die Knochen nicht – gekochte Knochen können splittern und Schäden an der Speiseröhre oder dem Verdauungstrakt verursachen, während rohe Knochen sauber brechen und gut verdaut werden.

Fisch kann so oder so serviert werden. Meine Hunde lieben gebratenen Lachs, aber sie mögen auch rohen Fisch. Ich empfehle definitiv nicht, gekochtes Rindfleisch zu verwenden, da es schwerer zu verdauen ist (und ich habe festgestellt, dass es tendenziell eher Durchfall verursacht).

Wenn Sie Fleisch kochen, entziehen Sie außerdem wichtige Nährstoffe, die der Hund benötigt. Berücksichtigen Sie dies, wenn Sie Mahlzeiten zubereiten, und falls Sie sich fürs Kochen oder Braten von Fleisch entscheiden, übertreiben Sie es niemals. Nur leicht bis „Rare". Idealerweise stellt man nicht nur schön anzusehendes, sondern auch essbares Futter her. Achten Sie darauf, das Fleisch in mundgerechte Stücke zu schneiden oder zu hacken.

Mahlzeiten vorbereiten

Gut, Sie wissen also jetzt alles über Proteine, Knochen, Gemüse, Obst, Kräuter, Gewürze und Öle. Kommen wir zu den spannenderen Dingen: Essen zubereiten! Wenn ich Essen zubereite, beginne ich mit einem Grundrezept, das die Ernährungspyramide verkörpert. Ich konzentriere mich gerne auf Gemüse je nach seinem Zweck. Ich nehme immer eine Frucht, ein Blattgemüse, ein Kreuzblütlergemüse, eine Stärke (Kartoffel, Yamswurzel oder Maniok) und ein Gemüse aus der Familie der Apiaceae (normalerweise Sellerie oder Pastinaken, manchmal Karotten oder ein wenig von jedem). Sehen Sie sich bei der Auswahl Ihrer Möglichkeiten die Listen in diesem Buch an, die alle verwendbaren Obst- und Gemüsesorten und deren Vorteile enthalten. Lassen Sie Ihren Hund am Gemüse schnüffeln und beobachten Sie, was ihn interessiert. Lassen Sie sich nicht entmutigen, wenn Ihr Hund sich noch nicht für das Gemüse oder Obst zu interessieren scheint. Wenn Sie welche in das Essen mischen, werden diese vom Geruch des Proteins übertüncht.

Abschließend möchte ich auf die Bedeutung von Innereien in der Mahlzeit Ihres Hundes eingehen. Sie entfachen den Urtrieb Ihres Hundes, er kann Essen mit Innereien nicht widerstehen … es ist Hunde-Kryptonit!

Wählen Sie Ihr Gemüse (4), Obst (1), Protein (1) und Ihr Organfleisch (1) und gehen Sie in die Küche.

Im nächsten Schritt müssen Sie ermitteln, welche Futtermenge Sie zubereiten müssen. Wir arbeiten uns von einer Woche zur nächsten durch. Dafür verwende ich eine einfache mathematische Gleichung. Das Gewicht Ihres Hundes (oder das Wunschgewicht für Ihren Hund, falls er abnehmen sollte) in Kilogramm multipliziert mit 0,03 ergibt die Menge an Futter, die Ihr Hund pro Tag zum Halten dieses Gewichts benötigt.

Hier ein Beispiel für Sie:

Ihr Hund wiegt etwa 50 kg. Dann multiplizieren Sie sein Gewicht mit 0,03 und seine tägliche Futtermenge beträgt 1,5 kg. Wenn Sie einen Hund mit 20 kg haben und sein Körpergewicht mit 0,03 multiplizieren, beträgt seine tägliche Futtermenge 600 g. Verwenden Sie die nachstehenden Gleichungen zur Ermittlung des idealen Futtergewichts für Ihren Hund.

________________ x 0,03 = ________________

Gewicht des Hundes — Futter pro Tag in kg

Oder multiplizieren Sie bei einem schlankeren Hund das Körpergewicht mit 0,02.

________________ x 0,02 = ________________

Gewicht des Hundes — Futter pro Tag in kg

Jetzt, da Sie wissen, welche Menge Ihr Hund pro Tag benötigt, verwenden Sie diese Formel, um herauszufinden, wie viel Futter Sie brauchen, um ausgewogene Mahlzeiten für eine Woche zuzubereiten. Da wir in einem unserer Beispiele einen Zwanzig-Kilo-Hund hatten, bleiben wir auch im nächsten Beispiel bei diesem Hund. Wie Sie sich erinnern, frisst ein 20 kg schwerer, mittelgroßer Hund bis zu 600 g an einem Tag. Für sieben Tage ergibt das dann 4,2 kg. Der Einfachheit halber runden wir das auf 4 kg, um die Berechnungen leichter durchführen zu können. Laut der Ernährungspyramide benötigen wir pro Woche zur Zubereitung einer ausreichenden Menge an ausgewogenen Mahlzeiten für diesen Hund:

- **Obst:** 10 % = 400 g Obst
- **Gemüse:** 40 % = 1.600 g Gemüse (400 g von jedem Gemüse)
- **Essenzielle Fette / Öle:** 5 % = 200 g Fett / Öl
- **Innereien:** 10 % = 400 g Innereien
- **Muskelfleisch:** 35 % = 1.400 g Muskelfleisch

Dadurch werden 4 kg Futter produziert, die für die Woche in 571 g große Rationen portioniert werden. Ich habe wohl verstanden, dass wir rechnerisch pro Ration auf 600 g kommen sollten. Wir nutzen jedoch die Formel mit der 0,03-Komponente für schwerere Hunde, und im Vergleich zu 0,02 dürfen die Tagesportionen auch gut ein paar Gramm leichter sein. Wenn Sie ganz genau sein wollen, gleichen Sie den Unterschied durch Hinzufügen einer größeren Menge Öl aus.

Leuchtet das ein? Okay, versuchen wir dasselbe mit dem größeren, 50 kg wiegenden Hund. Da wir jetzt von einem größeren Hund sprechen, sieht die Ernährungspyramide etwas anders aus. Bei einem größeren Hund braucht man etwas mehr Eiweiß und weniger Gemüse. Wie wir uns erinnern, beträgt die tägliche Futtermenge, die für einen Fünfzig-Kilo-Hund mit unserer 0,03-Formel benötigt wird, 1,5 kg pro Tag. Multipliziert mit sieben Tagen ergibt das 10 kg und 500 g pro Woche. Wie im vorherigen Beispiel runde ich die Zahl, um das Abwiegen zu vereinfachen, und zwar auf 11 kg. Ich verwende trotzdem vier Gemüsesorten. Gemäß der Ernährungspyramide für einen größeren Fünfzig-Kilo-Hund benötigen Sie:

* **Obst:** 10 % = 1.100 g Früchte
* **Gemüse:** 30 % = 3.300 g Gemüse (575 g von jedem Gemüse)
* **Essenzielle Fette / Öle:** 8 % = 880 g Fett / Öl
* **Organfleisch:** 15 % = 1.650 g Innereien
* **Muskelfleisch:** 45 % = 4.950 g Muskelfleisch

Wird es langsam klar? Wir machen es noch einmal für einen kleinen Hund, und dann versuchen Sie es mit einem Ihrer Hunde, okay? Gut, nehmen wir also an, Sie haben einen 5 kg schweren Hund. Laut unserer Ernährungspyramide brauchen kleine Hunde weniger Eiweiß. Da Innereien sehr reich davon sind, brauchen Sie für einen kleinen Hund sehr wenig davon. Normalerweise nehme ich keine, wenn es nicht nötig ist. Wenn wir nun unsere 0,03-Formel verwenden, beträgt die tägliche Futtermenge für diesen Fünf-Kilo-Hund

150 g pro Tag. Normalerweise runde ich die Zahl einfach auf 200 g auf – dem Hund macht das nichts aus.

Wenn Sie diese Zahl mit sieben multiplizieren, entspricht dies 1,4 kg. Um es einfacher zu machen, runden Sie es wieder auf 1,5 kg auf. Bei kleinen Hunden können Sie normalerweise etwas mehr nehmen, aber behalten Sie dabei sein Gewicht wachsam im Auge, und passen Sie die Menge bei Bedarf an. Bei einer Menge von 1,5 kg pro Woche können Sie also tatsächlich genug Futter für einen Monat zubereiten und die portionierten Mahlzeiten einfrieren. Da wir diesen Ansatz für den kleineren Hund verfolgen, multiplizieren wir die wöchentliche Zahl mit vier (Wochen in einem Monat), um zu sehen, was wir brauchen. Mit dieser Berechnung benötigt jener kleine Hund 6 kg Futter pro Monat. Hier ist die Berechnung für die Zutaten:

* **Obst:** 10 % = 600 g Früchte
* **Gemüse:** 40 % = 2.400 g (600 g von jedem Gemüse)
* **Essenzielle Fette / Öle:** 10 % = 600 g Öl
* **Innereien:** 5 % = 300 g Innereien
* **Muskelfleisch:** 35 % = 2.100 g Muskelfleisch

Okay, jetzt sind Sie dran!

Mein Hund ________________ wiegt __________kg. Wenn ich sein Gewicht mit 0,03 multipliziere, erhalte ich ________________ als Futtermenge. Diese Zahl ist die Menge an Futter, die mein Hund pro Tag in Kilogramm und Gramm benötigt. Wenn ich diese Zahl mit 7 multipliziere, erhalte ich die Menge an Nahrung, die ich pro Woche für vollständig ausgewogene Mahlzeiten benötige. Durch die Verwendung der für die Größe meines Hundes bereitgestellten Ernährungspyramide sehen meine ausgewogenen Mahlzeiten wie folgt aus:

Obst: _______ % = _______ kg _______ g Obst

Gemüse: _______ % = _______ kg _______ g Gemüse
(_______ % = _______ kg _______ g von jedem Gemüse)

Essenzielle Fette / Öle: _______ % = _______ kg essenzielle Fette / Öle

Innereien: _______ % = _______ kg _______ g Innereien

Muskelfleisch: _______ % = _______ kg _______ g Muskelfleisch

Mit dieser Formel haben Sie Ihren Plan zusammengestellt. Der nächste Schritt besteht darin, Ihr erstes Rezept mit Gemüse, Obst und Fleisch zusammenzustellen. Ich hätte gerne, dass Sie die Zutaten in die dafür vorgesehenen Felder auf der nächsten Seite eintragen und der Anleitung folgen. Ich habe das bereits für Sie so ermittelt, da die nächsten Schritte im Ablauf stets unverändert gleich bleiben. Machen Sie sich damit vertraut, Sie werden diese oft ausführen.

Noch etwas: Denken Sie daran, Ihrem Hund gelegentlich nach den Mahlzeiten einen rohen Knochen zu geben. Beim Mahlen von Knochen mit Ihrer Küchenmaschine kann diese Schaden nehmen. Am besten wäre daher, Hunden nach einer Mahlzeit frische rohe Knochen zu geben.

Mein erstes Rezept

Vorbereitungszeit:
45 Minuten

Portionen:
7

Ausstattung:
Küchenmaschine, Profimesser, große Rührschüssel, Vakuumierer, Vakuumierbeutel

Zutaten:

* ____________ g Eiweiß ____________________
* ____________ g Innereien ____________________
* ____________ g Obst ____________________
* ____________ g Gemüse ____________________
* ____________ g Gemüse ____________________
* ____________ g Gemüse ____________________
* ____________ g Gemüse ____________________

Zubereitung:

1. Waschen, schneiden und mahlen Sie das gesamte Gemüse in der Küchenmaschine und geben Sie es in eine große Schüssel.

2. Entfernen Sie nach Bedarf Samen von den Früchten, hacken und zerkleinern Sie sie dann in der Küchenmaschine.

3. Die Früchte zusammen mit dem Gemüse in die Schüssel geben und pürieren.

4. Geben Sie das Öl in die Schüssel und schwenken Sie das Obst und Gemüse, bis das Öl gleichmäßig verteilt ist.

5. Hacken Sie Ihr Eiweiß und die Innereien nach Bedarf in mundgerechte Stücke, es sei denn, Sie verwenden ein Proteinpulver.

6. Fügen Sie Ihre Proteine und Innereien hinzu und mischen Sie alles, bis alle Zutaten gründlich miteinander vermischt sind.

7. Portionieren Sie Ihre Mahlzeiten, indem Sie pro Tag einen Beutel vakuumieren und einfrieren.

8. Sie haben es geschafft! Herzlichen Glückwunsch! Hurra!!!

Beobachten Sie Ihren Hund genau, nachdem Sie die Rezepte an Ihre bzw. seine Bedürfnisse angepasst haben. Achten Sie auf die Vitamine und Nährstoffe, die die Zutaten Ihrem Hund liefern. Achten Sie auf Anzeichen von Vitaminmangel oder Veränderungen im Verhalten, Aussehen und Gewicht Ihres Hundes und passen Sie Ihre Mahlzeiten entsprechend an. Es braucht Zeit, um es richtig zu machen, aber mit Zuversicht können Sie es in kürzester Zeit schaffen! Ich stelle Ihnen ein paar Beispielmahlzeiten zur Verfügung, mit denen Sie versuchen können, zu arbeiten. Fühlen Sie sich frei, die Mahlzeiten an die Bedürfnisse Ihres Hundes anzupassen.

Gretas Lieblingsessen mit rohem Hähnchen

Diese erste Mahlzeit basiert auf Gretas erster Rohkost, wurde aber auch für eine Kundin zubereitet, die ihren Hund von Trockenfutter auf Rohkost umgestellt hatte. Die Kundin hatte Bedenken, ob es ihrem Hund schmecken würde und ihr Tierarzt hatte Bedenken, dass frisches Futter nicht genug Kalzium enthalten würde. Also habe ich nach einem Gespräch mit ihrem Tierarzt diese Mahlzeit kreiert.

Als ich Gretas erstes Essen zubereitete, habe ich ein ganzes rohes Huhn verwendet und es mit allen Zutaten gefüllt. Ich habe es nicht zerteilt oder so, sondern es einfach so im Napf serviert. Es machte zwar einerseits Spaß, ihr beim Fressen zuzuschauen, aber es war auch mengenmäßig ein bisschen viel und außerdem reichlich chaotisch – sie schleifte das Huhn über die ganze Couch! Ich musste also einen besseren und effizienteren Weg finden, damit sie die Kreationen fressen konnte, die ich für sie entwickelt habe. Ich beschloss, Hähnchenhackfleisch zu probieren, was es mir ermöglichte, die Mahlzeiten gleichmäßig zu portionieren und ausgewogener zu machen. Manchmal benutzte ich Hähnchenschenkel und hackte sie in Stücke, damit auch noch rohe Knochen enthalten waren. Nachdem ich auf diese Methode umgestellt hatte, beobachtete ich die echten Vorteile von Rohkost. Sie fing wirklich an, wie ein anderer Hund auszusehen und sich zu verhalten. Sie war wacher und konzentrierter, hatte ein tolles Fell und strahlend weiße Zähne und war über längere Zeiträume aktiver. Ich konnte auf mein Fahrrad steigen, ihre Leine schnappen, sie zum Central Park bringen und wir konnten den Park zweimal umrunden, während sie die ganze Zeit neben mir rannte … und sie hatte immer noch nicht genug, wenn wir nach Hause kamen!!

Zutaten:
- 1.500 g rohes gehacktes Hähnchen
- 500 g Brokkoli (roh)
- 500 g Grünkohl (roh)
- 500 g Äpfel
- 750 g Sellerie (roh)
- 500 g Babykarotten (roh)
- 1 Dose Kichererbsen, abgespült und abgetropft
- 500 g Süßkartoffel (roh)
- 220 ml Olivenöl
- 250 g griechischer Joghurt

Vorbereitungszeit:
30 Minuten

Portionen:
7

Ausstattung:
Küchenmaschine, Profimesser, große Rührschüssel, Rührlöffel, Vakuumierer, Vakuumierbeutel

Zubereitung:
1. Waschen, schneiden und pürieren Sie das gesamte Gemüse in der Küchenmaschine und geben Sie es in eine große Schüssel.

2. Entkernen Sie die Äpfel, zerkleinern Sie diese und hacken Sie sie in der Küchenmaschine.

3. Die Apfelstücke in die Schüssel mit dem Gemüse geben und mischen.

4. Kichererbsen und Olivenöl in die Küchenmaschine geben und pürieren, bis die Mischung die Konsistenz von Hummus erreicht.

5. Geben Sie die Kichererbsenmischung, das Hackfleisch und den Joghurt in die Schüssel dazu und mischen Sie, bis alle Zutaten gründlich vermischt sind.

6. Portionieren Sie Ihre Mahlzeiten und frieren Sie sie ein.

Buddys Beef Stew

Buddys Frauchen hatte ich bei einer Hunde-Veranstaltung kennengelernt, bei der ich das Catering übernommen hatte. Sie berichtete als Reporterin über das Ereignis und interviewte mich über Hundefutter. Ihr Hund hatte im Moment keine Probleme, außer dass er sich ein bisschen kratzte. „Buddy frisst alles!" sagte sie und erzählte mir, dass er ihr erster Hund sei. Sie liebte Buddy wie ein Kind wollte nur das Beste für ihn. „Er soll bitte ewig leben", sagte sie. Ich schlug ihr Rohkost für ihn vor, aber da dieses Konzept damals noch neu war, hatte sie zunächst Bedenken, ob diese Art der Ernährung wirklich gefahrlos für den Hund war. Eine Woche nachdem sie mein Essen bekommen hatte, schrieb sie mir eine E-Mail, wie sehr Buddy es mochte: Beim bisherigen Trockenfutter hatte Buddy immer den ganzen Tag lang gebraucht, um die Ration in seinem Napf ziemlich lustlos aufzufressen. Das Rohfutter schmeckte ihm aber so gut, dass er den Napf in unter 5 Minuten sauber leckte!

Zutaten:

- 1 kg mageres Rinderhackfleisch
- 500 g Rinderleber
- 6 EL Knochenmehl
- 500 g Brokkoli
- 500 g Grünkohl
- 500 g Äpfel
- 750 g Sellerie
- 500 g Süßkartoffel (keine normale Kartoffel nehmen!)
- 220 ml Olivenöl

Vorbereitungszeit:
30 Minuten

Portionen:
7

Ausstattung:
Küchenmaschine, Profimesser, große Rührschüssel, Rührlöffel, Vakuumierer, Vakuumierbeutel

Zubereitung:

1. Das Gemüse waschen, grob zerkleinern und dann in der Küchenmaschine zerhacken. In eine große Schüssel geben.

2. Äpfel entkernen, zerkleinern und in der Küchenmaschine zerkleinern, Apfelstücke in die Schüssel geben und mischen.

3. Die Leber in der Küchenmaschine und zu einer Paste pürieren. Dabei das Knochenmehl hinzufügen.

4. Die Lebermischung in die Schüssel dazu geben.

5. Das Hackfleisch ebenfalls in die Schüssel dazu geben und mischen, bis alle Zutaten gründlich miteinander verbunden sind.

6. Portionieren Sie die Mahlzeiten und frieren Sie sie ein.

Einmal erhielt ich einen Anruf einer Kundin, die auf Rohkost umsteigen wollte und einen Beratungstermin dazu wünschte. Ihre Bedenken zu industriellem Fertigfutter waren ähnliche wie die, die mich zum Schreiben dieses Buchs gebracht hatten. Es hatte in letzter Zeit mehrere Rückrufe von Hundefutter gegeben und sie fühlte sich nicht mehr wohl damit. Als ich ihre Hündin sah, bemerkte ich zwei Dinge: ihre schönen Augen und ihr unangenehmes Übergewicht. Indu war noch jünger, hatte aber bereits Gelenkprobleme, daher lag es nah, dass ihre Gelenkschmerzen hauptsächlich auf ihr Gewicht und nicht auf ihr Alter zurückzuführen waren. Wäre sie weitergefüttert worden wie bisher, wäre zweifellos größerer Schaden entstanden. Sie war so übergewichtig, dass sie schon vom bloßen Stehen außer Atem kam. Bei der Zubereitung dieser Mahlzeit musste ich mehrere Faktoren berücksichtigen. Die Hündin mochte Hühnchen, aber ihre Besitzerin wollte kein rohes Fleisch füttern, also musste ich beide Bedürfnisse berücksichtigen. Die Familie der Hundehalterin stammte aus Indien und dies war ihr erster Hund. Aus Respekt vor der religiösen Überzeugung der Familie entschied ich mich, kein Rindfleisch zu verwenden, da Kühe in Indien heilig sind. Ich versuchte außerdem Gemüse verwenden, das in ihrem Land heimisch ist, weil ein Teil von Indus Problem daher rührte, dass die Eltern der Besitzerin ihr immer wieder Essensreste gaben (was sie liebte). Also bereitete ich das Futter so zu, dass Indu das Gefühl hatte, dass die Familie es essen würde. Aufgrund der schönen Farben und Zutaten sah es aus wie ein authentisches indisches Gericht. Mit demselben Gericht gedeiht sie auch zehn Jahre später noch!

Indus Huhn

Zutaten:

- 2,5 kg Hühnerschenkel
- 500 g Hühnerleber
- 6 EL Hühnerknochenmehl
- 1 kg Blumenkohl
- 1 kg Grünkohl
- 500 g Sellerie
- 500 g Maniok
- 500 g gefrorene Erbsen und Karotten
- 500 g Birnen
- 220 ml Olivenöl
- 1 Dose Kichererbsen, abgetropft und abgespült
- 6 TL Kurkuma

Vorbereitungszeit:
30 Minuten

Portionen:
7

Ausstattung:
Küchenmaschine, Profimesser, große Rührschüssel, Vakuumierer, Vakuumierbeutel

Zubereitung:

1. Hähnchenschenkel und -leber säubern und in einen mittelgroßen bis großen Topf geben. Mit Wasser auffüllen. 20 Minuten lang kochen, Wasser abgießen und Topf beiseitestellen.

2. Alles Gemüse (außer Erbsen und Karotten) waschen und schneiden. In der Küchenmaschine raspeln und in eine große Schüssel geben.

3. Birnen vom Kernhaus befreien, in Stücke schneiden und in der Küchenmaschine raspeln.

4. Birnenraspel in die Schüssel mit dem Gemüse geben und untermischen.

5. Hähnchenschenkel und Leber in die Küchenmaschine geben und zu einer Paste pürieren. Dabei das Knochenmehl hinzufügen.

6. Die Mischung in die Schüssel geben.

7. Die gefrorenen Erbsen und Karotten in die Schüssel geben und mischen, bis alle Zutaten gründlich vermischt sind.

8. Kichererbsen, Olivenöl und Kurkuma in die Küchenmaschine geben und pürieren, bis die Konsistenz von Hummus erreicht ist.

9. Die Kichererbsenmischung ebenfalls in die Schüssel dazu geben und alles mischen, bis das Gericht eine einheitliche gelbe Farbe hat.

10. Portionieren Sie die Mahlzeiten und frieren Sie sie ein.

Cocos Lachsgericht

Dieses Rezept habe ich erstellt, nachdem ich einen Kunden mit einer kleinen Hündin namens Coco getroffen hatte. Sie war eine Malteserin, die eigentlich weiß sein sollte, aber eher braun zu sein schien, als ich sie traf, und in ihren Augen hing bräunlicher Schleim. Ihre Besitzerin erzählte mir auch, dass sie ständig Durchfall hatte. Es stellte sich heraus, dass die Verklebungen an den Augen vom „tierärztlich verordneten" Futter herrührten, das ihr wegen ihrer Leberprobleme und ihres Haarausfalls gegeben wurde. Sie bekam eine Menge Medikamente und wirkte lethargisch. Selbst mit dem vom Tierarzt verschriebenen Futter schien sich nichts an ihrem Zustand zu ändern. Als ich ihre Besitzerin fragte, was das Futter für ihren Hund bewirken solle, sagte sie: „Wir wollen nur, dass sie gesund ist und dass sie wieder weiß wird." Ich sah den Hund an und fragte: „Was mag sie?" Sie mochte Fisch, also erstellte ich das Rezept unten für sie. Innerhalb einer Woche war sie wie ein neuer Hund. Sie hatte nicht mehr diesen „Hundegeruch" und die Augenschleimhaut hörte auf zu triefen. Einen Monat später war sie ein kleiner weißer Hund voller Power.

Zutaten:

* 2,5 kg ganzer Lachs, gereinigt (Gräten und Schuppen entfernt)
* 1 kg Blumenkohl (roh)
* 1 kg Rotkohl (roh)
* 500 g Sellerie (roh)
* 500 g Maniok (roh)
* 220 ml Olivenöl
* 500 g grüne Äpfel
* 250 g Quinoia

Vorbereitungszeit:
45 Minuten

Portionen:
7

Ausstattung:
Küchenmaschine, Profimesser, große Rührschüssel, Rührlöffel, Blech, Pergamentpapier, mittelgroßer Kochtopf, Vakuumierer, Vakuumierbeute

Zubereitung:

1. Backofen auf 175°C vorheizen.

2. Den ganzen Lachs auf ein mit Backpapier ausgelegtes Blech legen und 20 Minuten backen. Dann vom Herd nehmen und abkühlen lassen.

3. Quinoa in einen mittelgroßen Topf geben und in knapp 1 l Wasser 15 – 20 Minuten lang kochen. Dann vom Herd nehmen.

4. Blumenkohl, Kohl und Sellerie waschen, hacken, in der Küchenmaschine zerkleinern und in eine große Schüssel geben.

5. Kernhäuser der Äpfel entfernen, zerschneiden und kurz in der Küchenmaschine mixen. Dann die Apfelstücke in die Schüssel mit dem Gemüse geben und mischen.

6. Den Lachs mitsamt Haut und Knochen in der Küchenmaschine zerkleinern. Zu einer Paste pürieren.

7. Die Lachsmischung und das Olivenöl in die Schüssel geben.

8. Quinoa abgießen und ebenfalls in die Schüssel geben.

9. Alles gründlich vermischen, bis der Quinoa gleichmäßig verteilt ist.

10. Portionieren Sie Ihre Mahlzeiten und frieren Sie sie ein.

Coopers Putengericht

Als ich den Anruf wegen Cooper erhielt, erzählte seine Besitzerin, dass er gegen einfach alles allergisch sei. Ich glaubte ihr nicht, also bat ich sie, mir den Allergietest von ihrem Tierarzt zu schicken. Als ich ihn sah, wurde mir klar, dass dies der schwierigste Hund sein würde, für den ich je Futter gemacht hatte. Seine Allergenliste war drei Seiten lang, und kein Futter, das sie ausprobiert hatte, funktionierte. Das einzige Protein, das keine negative Reaktion hervorrief, war Putenfleisch, also war das mein Ausgangspunkt. Die einzigen weiteren fünf Zutaten auf seiner „Erlaubt-Liste" waren wie durch einen glücklichen Zufall Gemüsesorten. In Kombination mit dem einzigen Öl, gegen das er nicht allergisch war, war dies eine großartige, ausgewogene Mahlzeit für ihn. Bis zum heutigen Tag gedeiht Cooper immer noch, ohne dass seitdem wieder allergische Reaktionen aufgetreten sind. Diese Mahlzeit ist zwar roh am besten, sie kann aber auch gekocht werden.

Zutaten:

- 3 kg Putenhackfleisch
- 1 kg Erdbeeren
- 1 kg Grünkohl
- 1 kg Maniok
- 1 kg Blumenkohl
- 1 kg Sellerie
- 220 ml Distelöl

Vorbereitungszeit:
30 Minuten

Portionen:
7

Ausstattung:
Küchenmaschine, Kochmesser, große Rührschüssel, großer Kochtopf, Vakuumierer, Vakuumierbeutel

Zubereitung:

1. Falls Sie die Rohversion dieses Rezepts herstellen, überspringen Sie die Schritte 2, 3 und 4.

2. Putenhackfleisch in einen großen Topf geben. Mit Wasser auffüllen, bis es bedeckt ist.

3. Zum Kochen bringen und 25 Minuten auf schwacher Hitze köcheln lassen.

4. Herd ausschalten, Fleisch abkühlen lassen. Wasser abgießen und beiseitestellen.

5. Gesamtes Gemüse in der Küchenmaschine waschen, schneiden und pürieren, und in eine große Schüssel geben.

6. Die Erdbeeren waschen und in der Küchenmaschine pürieren, dann ebenfalls in die Schüssel geben.

7. Das Putenhackfleisch in die Schüssel hinzugeben.

8. Mit der Hand vermengen und dabei das Distelöl zugeben. Gründlich mischen.

9. Portionieren Sie die Mahlzeiten und frieren Sie sie ein.

Sushi-Rollen

Sushi zu Hause zuzubereiten ist überraschend einfach und eine großartige Möglichkeit, Ihren Hund mit rohen Proteinen vertraut zu machen. Wir beginnen mit Sushi für Anfänger oder Sushi-Rollen. Mit nur ein wenig Übung können Sie zu Hause Sushi-Rollen zubereiten, die ebenso umwerfend anzusehen wie köstlich für Ihren Hund sind. Die hier können wir uns sogar mit dem Hund teilen!

Vorbereitungszeit:
25 Minuten

Portionen:
2–5

Ausstattung:
Bambusmatte, Frischhaltefolie, Kochmesser, Kochtopf, Schneidebrett

Zutaten:

- 1–1,5 Blatt Nori (Algenpapier)
- 130 g Sushireis
- 1 TL Honig
- Rohes Rindersteak oder Lachs
- Sellerie und Karotten

Zubereitung:

1. Sushireis mit ½ l Wasser in einen kleinen Topf geben.

2. Ohne Deckel zum Kochen bringen. Sobald es zu kochen beginnt, Hitze reduzieren auf die niedrigste Stufe. Zugedeckt ca. 15 Minuten lang weiter garen.

3. Den Honig über den Reis träufeln und mit einer Gabel auflockern.

4. Vom Herd nehmen und abgedeckt 10 Minuten stehen lassen.

5. Bambusmatte so auf ein Schneidebrett legen, dass die Bambusstreifen horizontal zu Ihnen verlaufen. Einen Streifen Frischhaltefolie über der Bambusmatte ausbreiten und dann ein Blatt (oder ein halbes Blatt) Nori auf die Folie legen.

6. Verteilen Sie eine dünne Schicht Sushireis über dem Nori, aber nehmen Sie nicht zu viel. Mit ein wenig Übung werden Sie ein Gefühl dafür bekommen, wie viel Reis Sie nehmen müssen. Verteilen Sie etwa 1 Tasse Reis pro 1 ganzes Nori-Blatt und lassen Sie ein wenig Platz am oberen Rand des Nori zum Verschließen der Rolle.

PROFITIPP: Befeuchten Sie Ihre Finger, wenn Sie den klebrigen Sushi-Reis über das Nori verteilen.

7. Fügen Sie Ihre Zutaten in Richtung der Mitte des mit Reis bedeckten Nori hinzu. Überpacken Sie es nicht. Wenn Sie eine Rolle mit Reis auf der Außenseite machen, drehen Sie das Nori einfach um und legen Sie es mit der Reisseite nach unten auf die Rollmatte, und geben Sie dann Ihre Zutaten oben auf das Nori.

8. Heben Sie die Unterseite der Matte vorsichtig nach oben und über das Sushi, drücken Sie dann die Zutaten fest und formen Sie sie zu einer Röhre.

9. Rollen Sie mit Druck, so dass Sie eine feste Rolle bekommen, und bis nur noch 1 cm Nori oben sichtbar ist. Anschließend den Rand des Nori mit etwas kaltem Wasser verschließen.

10. Verfestigen Sie die Rolle, indem Sie die Matte um die Rolle drücken, bis sie sich gleichmäßig eng anfühlt. Achten Sie darauf, nicht so stark zu

drücken, dass die Zutaten zerquetscht werden oder an den Seiten herausquellen. Es ist ein schmaler Grat, aber mit etwas Übung werden Sie das Gefühl dafür bekommen.

11. Die Sushi-Rolle mit einem scharfen Messer auf einem Schneidebrett halbieren. Dann jede Hälfte dritteln, sodass 6 Sushi-Stücke übrigbleiben. Um einen schönen sauberen Schnitt zu erhalten, befeuchten Sie das Messer jedes Mal mit Wasser, wenn Sie eine Scheibe schneiden.

12. Richten Sie die Sushi-Scheiben auf Platten oder Sushi-Tellern an oder werfen Sie sie dem Hund zu wie Leckerlis.

13. Viel Spaß!

Die vorangegangenen Rezepte sind eine gute Ausgansbasis für den Start und verkörpern exemplarisch den Gedanken der Ausgewogenheit, den Sie als Baustein für den Erfolg bei der Herstellung Ihrer ganz individuellen Rezepte nutzen können. Beobachten Sie Ihren Hund genau, wenn Sie die Rezepte an seine Bedürfnisse anpassen. Achten Sie auf die Vitamine und Nährstoffe, die die Zutaten Ihrem Hund liefern sowie auf Symptome von Vitaminmangel oder Veränderungen im Verhalten und Gewicht Ihres Hundes. Wenn Sie aus irgendeinem Grund das Gefühl haben, dass Ihr Hund krank zu sein scheint, wenden Sie sich sofort an Ihren Tierarzt. Erkundigen Sie sich in Ihrem örtlichen Tiergeschäft nach verfügbaren Ergänzungsmitteln für natürliche Ernährung, die eine Grundversorgung mit den täglich benötigten Vitaminen bietet, und beziehen Sie diese in Ihre Planung mit ein.

KAPITEL 7

Leckereien und Festtagsessen

Weihnachtsplätzchen: Husarenkrapfen oder Engelsaugen

Das Beste an der Weihnachtszeit sind für mich die Plätzchen! Als ich klein war, bekamen wir zur Weihnachtszeit jede Menge davon und meine Lieblingsplätzchen waren Engelsaugen. Ich liebte es, wenn meine Mutter sie in der Adventszeit in meine Lunchbox für die Schule packte. Die Füllung wurde in der Kälte hart und schmeckte nach Bonbons. Meine Hündin Heidi mochte sie auch. Da sie aber viel Zucker enthalten und nicht gut für Hunde sind, habe ich beispielhaft meine Lieblings-Weihnachtsplätzchen hundegerecht umgesetzt und das Rezept in die Weihnachtsbäckereisammlung aufgenommen. Sie sind super gesund und mit Honig gesüßt, was sie noch köstlicher macht. Ein Muss für Ihre nächste Hunde-Weihnachtsfeier!

Zutaten:

- 400 g Kichererbsenmehl
- 250 ml Wasser
- 250 g Honig
- 1 Ei
- 225 g frische Cranberries

Vorbereitungszeit:
45 Minuten

Portionen:
36

Ausstattung:
Rührschüssel, Rührlöffel, Kochtopf, Backblech

Zubereitung:

1. Ofen auf 175°C vorheizen.

2. Wasser, Ei und ca. 100 g Honig in einer mittelgroßen Schüssel gründlich verrühren.

3. Das Kichererbsenmehl langsam untermischen, bis ein Teig entsteht. Wenn der Teig zu klebrig ist, etwas mehr Mehl hinzugeben.

4. Aus dem Teig Kugeln von etwa 2,5 cm Durchmesser formen, diese auf das Backblech legen und beiseitelegen.

5. Cranberries in einen kleinen Topf geben. Dann Wasser hinzufügen, bis die Cranberries bedeckt sind.

6. Auf mittlere Stufe einkochen lassen, bis die Cranberries zu einer Paste verkocht sind.

7. Den restlichen Honig zu der Cranberrypaste geben und unterrühren.

8. Die Mischung vom Herd nehmen und abkühlen lassen. Während sie abkühlt, mit dem Daumen in die Mitte der Teigkugeln eine Vertiefung drücken.

9. Vertiefungen mit der Cranberry-Reduktion füllen.

10. 15 Minuten backen. Abkühlen lassen – verfüttern.

11. Viel Spaß!

Leberpastetchen als Pillenversteck

Wenn Ihr Hund Medikamente nehmen muss, wissen Sie vermutlich, wie schwierig es ist, ihn zum Schlucken einer Tablette zu bringen. Als ich ein Kind war, haben wir alles versucht, damit unsere Hündin ihre Tabletten hinunterschluckte. Aber jedes Mal fraß sie nur unser kunstvolles Drumherum und spuckte die Tablette wieder aus. Dieses spezielle Rezept hier habe ich extra für diesen Zweck entwickelt. Durch die Verwendung von Leber fachen Sie den Urinstinkt des Hundes an. Dieser Geruch übertüncht für Hunde jeden anderen Geruch, und durch den Granatapfel kommt zusätzlich Geschmack und eine antioxidative Komponente dazu.

Zutaten:

- 4 EL Kokosfett oder Olivenöl
- 500 g frische Rinderleber
- 1 EL frische Thymianblätter, gehackt
- 80 ml Granatapfelsaft (oder Cranberrysaft)

Vorbereitungszeit:
20 Minuten

Portionen:
15

Ausstattung:
Kochtopf, kleine Bratpfanne, Küchenmaschine

Zubereitung:

1. Kokosfett in einer großen, schweren Bratpfanne bei mittlerer Hitze schmelzen. Restliche Zutaten dazugeben und Hitze hochdrehen. Kochen, dabei gelegentlich die Leber umdrehen, bis der Saft einreduziert ist. Die Leber sollte außen leicht gebräunt, aber innen noch sehr weich und rosa sein. (ca. 5 Minuten)

2. Pfanne vom Herd nehmen und Inhalt im Mixer oder der Küchenmaschine pürieren, bis alles eine glatte Paste ergibt.

3. Vor dem Servieren eine Stunde kaltstellen.

4. Tablette mit Pastete ummanteln und servieren.

Kürbis-Haferplätzchen mit Glasur

Diese Haferkekse basieren auf einem meiner Lieblingsrezepte der alten Schule. Ich habe früher glasierte Haferkekse mit Rosinen geliebt. Wie Sie wissen, sind Rosinen aber für Hunde ein Tabu, also habe ich mich entschieden, das Rezept etwas abzuändern. Durch den hinzugefügten Kürbis wird dieser Keks zu einem Energiebündel aus Ballaststoffen und Geschmack, und Hunde lieben die Glasur! Die Kekse eignen sich prima als Belohnung auf der Hundewiese!

Vorbereitungszeit:
45

Portionen:
36

Ausstattung:
Backblech, Nudelholz, 2 Rührschüsseln, Schneebesen, Rührlöffel, Teigschaber oder Löffel, Pergamentpapier

Zutaten:

* 400 g Kichererbsen- oder Gerstenmehl
* 80 g kernige Haferflocken[24]
* 100 g Kürbispüree
* 60 ml Wasser
* ½ TL Backpulver
* 1 TL Zimt

Für die Glasur:

* 50 g Tapiokastärke[25]
* 2 EL Honig
* 60 ml Kokosmilch

24 Hinweis: zarte Instant-Haferflocken funktionieren in diesem Rezept nicht. Verwenden Sie kernige Haferflocken!

25 Nebenprodukt bei der Herstellung von Maniokmehl.

Zubereitung:

1. Backofen auf 175°C vorheizen.

2. Kürbispüree in einer großen Schüssel mit dem Wasser verrühren.

3. Mehl, Haferflocken, Backpulver und Zimt hinzufügen und alles miteinander vermengen.

4. Teigportionen mit einem Teigschaber oder einem Esslöffel entnehmen und auf ein mit Pergamentpapier ausgelegtes Backblech setzen.

5. 15 Minuten lang backen bzw. bis die Ränder goldbraun und die Kekse fest sind. Sie werden von alleine weich!

Für die Glasur:

1. Während die Kekse backen, in einer kleinen Schüssel die Tapiokastärke und den Honig verquirlen, bis die Mischung glatt ist.

2. Kokosmilch langsam esslöffelweise hinzufügen, bis die gewünschte Konsistenz erreicht ist.

3. Die Glasur in einem beliebigen Muster über die Kekse träufeln und trocknen lassen.

Geburtstags-Cupcakes

Ja, Hundegeburtstage sind ein „Ding", und genau wie wir Menschen lieben Hunde Cupcakes ! Während normale Cupcakes Ihrem Wuffel etwas schaden könnten, sind die hier nicht nur lecker, sondern auch supergesund! Mit den antioxidativen Kräften des Honigs und dem Verdauungsschub aus der Joghurtglasur sind sie ein Muss für jede Hundeparty!

Vorbereitungszeit:
60

Portionen:
12

Ausstattung:
2 Rührschüsseln, Gabel, Küchenmaschine, Muffinform, Spritzbeutel, Dekotülle, Papierförmchen

Zutaten:

- 200 g Mehl
- 250 g Süßkartoffel
- 110 ml Rapsöl
- 150 g Honig
- 2 kleine Eier
- 1 TL Backpulver (gehäuft)

Für die Glasur:

- 450 g vollfetter griechischer Joghurt (fettarmer Joghurt geht nicht!)
- 225 g Tapiokastärke

Für die Streusel:

- 150 g Kokosraspeln
- Bio-Lebensmittelfarbe[26]
- 4 Ziploc-Beutel

26 in den Grundfarben Rot, Grün, Blau, Gelb.

Zubereitung:

1. Backofen auf 175°C vorheizen.

2. In einer großen Schüssel Eier, Honig und Öl gut miteinander verrühren.

3. Süßkartoffel in kleine Stücke schneiden und in der Küchenmaschine fein hacken.

4. Die Süßkartoffelstücke in die Schüssel geben und umrühren.

5. Mehl und Backpulver in die Schüssel dazu geben. Mit einer Gabel gut verrühren. Achten Sie darauf, dass keine Klümpchen zurückbleiben.

6. Cupcake-Backform mit Papierförmchen nach Wahl auslegen.

7. Muffinförmchen zu ¾ füllen. Nicht mehr – sonst läuft der Teig beim Backen über die Form hinaus.

8. 20–25 Minuten backen.

9. Aus dem Ofen nehmen und abkühlen lassen.

10. In einer mittelgroßen Schüssel Joghurt und Tapiokastärke miteinander verrühren, bis die Konsistenz wie Kuchenglasur ist.

11. Das Frosting in einen Spritzbeutel füllen und für etwa 10 Minuten in den Kühlschrank stellen.

12. Je Ziploc-Beutel ¼ Tasse Kokosraspel einfüllen und je Beutel 8–10 Tropfen einer der Lebensmittelfarben hinzufügen.

13. Beutel verschließen und kräftig schütteln, bis die Farben gleichmäßig verteilt sind, dann die Beutel öffnen und 5 Minuten trocknen lassen.

14. Spritzbeutel aus dem Kühlschrank nehmen, breiteste Tülle nehmen und mit 1 bis 1,5 cm Abstand zu den Cupcakes halten. Auf den Beutel drücken und die Glasur herausdrücken. Dabei einen großen Kreis spritzen, der nach oben hin in eine Spitze übergeht. Dazu außen entlang spritzen, Druck nachlassen und nach oben ziehen.

15. Die bunten Streusel in einem separaten Ziploc mischen und auf die Cupcakes streuen.

16. Alles Gute zum Geburtstag!

Johannisbrotchips-Kekse

Schokoladenkekse mag doch jeder, oder? Für Hunde sind sie aber nichts! Da sie Schokolade nicht vertragen, habe ich dieses Rezept speziell für sie entworfen. Diese Kekse sind eine Variante des Klassikers, aber mit einer interessanten Alternative zu Schokolade: Johannisbrot. Schmeckt meiner Meinung nach noch besser! Diese Kekse sind großartig für jeden Anlass und können auch mit Menschen geteilt werden. Achtung, sie sind so lecker, dass Sie aufpassen müssen, auch welche für den Hund übrigzulassen!

Zutaten:
* 340 g ungesüßte Johannisbrotchips
* 1 Ei
* 150 g Honig
* 120 ml Wasser
* 1 TL Backpulver
* 500 g Kichererbsen- oder Gerstenmehl

Vorbereitungszeit:
35 Minuten

Portionen:
24–26

Ausstattung:
Backblech, Rührschüssel, Rührlöffel (am besten aus Holz), Pergamentpapier oder Kokosöl

Zubereitung:
1. Backofen auf 165°C vorheizen.

2. In einer großen Schüssel Ei, Honig und Wasser verquirlen.

3. Mehl und Backpulver mit einem Holzlöffel einrühren. Gut mischen, bis ein Keksteig entstanden ist. Je nach Konsistenz noch Wasser oder Mehl hinzufügen. Der Teig soll nicht kleben.

4. Kugeln mit ungefähr 2,5 cm Durchmesser formen. Im Abstand von 5 cm auf ein mit Pergamentpapier ausgelegtes oder eingefettetes Backblech legen.

5. Drücken Sie die Kugeln flach, bis die Kekse etwa einen halben bis einen 1 cm dick sind.

6. 15 – 20 Minuten backen. Für knusprigere Kekse den Backofen auf 175°C stellen.

7. Abkühlen lassen und dann genießen!

Sie müssen unbedingt einen Bissen von diesen köstlichen Leckereien probieren! Falls Sie allergisch gegen Schokolade sind, sind diese Kekse eine tolle, gesunde Alternative!

Apfelherzplätzchen

Bei mir zuhause würdigen wir am Valentinstag auch die Liebe, die wir für unsere Hunde haben und verwöhnen sie entsprechend. Ich mache dazu gerne diese Apfelherzkekse, da sie mich an die Valentins-Zuckerherzen erinnern. Anders als die zuckrigen Originale sind diese hier aber großartig für das Verdauungssystem und das Fell eines Hundes!

Vorbereitungszeit:
30 Minuten

Portionen:
42

Ausstattung:
Backblech, 2 Rührschüsseln, Nudelholz, Rührlöffel (am besten aus Holz), herzförmiger Ausstecher

Zutaten:

* 220 g frisches Apfelpüree oder Bio-Apfelmus (kein Zucker, nur Äpfel!)
* 130 g Leinsamenmehl
* 400 g Kichererbsenmehl
* 1 EL Zimt

Für das Frosting:

* 60 g Tapiokastärke
* 2 EL Honig
* 60 ml Kokosmilch
* Rote Bio-Lebensmittelfarbe

Zubereitung:

1. Backofen auf 175°C vorheizen.

2. In einer großen Schüssel Mehl, Zimt und Leinsamenmehl mischen.

3. Das Apfelpüree in die Schüssel geben und die Mischung mit einem Holzlöffel zu einem Teig verrühren.

4. Rollen Sie den Teig auf einer sauberen, leicht bemehlten Oberfläche zu einer ca. ½ cm dünnen Platte aus.

5. Mit einer Herzform die Plätzchen ausstechen und auf das mit Pergamentpapier ausgelegte Backblech legen.

6. Kekse 15 – 20 Minuten backen, bis sie goldbraun sind.

7. Die Kekse vom Herd nehmen und abkühlen lassen.

Für das Frosting:

1. In einer kleinen Schüssel Honig, Milch und Lebensmittelfarbe mischen. Tapiokastärke unterrühren. Bei Bedarf mehr Milch hinzufügen, bis die Konsistenz von Sirup erreicht ist.

2. Die Glasur über die Kekse träufeln oder die Kekse in die Glasur tauchen.

3. Lassen Sie die Kekse etwa eine Stunde trocknen, bis die Glasur aushärtet.

4. Genießen!

Teufelseier

Teufelseier sind eine großartige Vorspeise oder Hors d'oeuvre für jeden Anlass. Wenn Sie nun sagen, dass Eier ein perfektes Protein sind, dann stimme ich Ihnen voll und ganz zu! Eier sind ideal für die Gesundheit von Gehirn, Knochen und Augen sowie für ein glänzendes Fell. Teufelseier sind ein unschlagbarer Leckerbissen!

Vorbereitungszeit:
15 Minuten

Portionen:
3–6

Ausstattung:
Rührschüssel, Topf, Gabel, Teelöffel, Servierplatte, Papiertücher

Zutaten:

- 3 Eier
- 60 g Naturjoghurt
- 2 EL Fisch- oder Krillöl
- Chiasamen

Zubereitung:

1. Legen Sie die Eier nebeneinander auf den Topfboden und geben Sie Wasser hinzu, bis sie etwa 3–4 cm bedeckt sind.

2. Erhitzen Sie sie auf hoher Stufe, bis das Wasser zu kochen beginnt, decken Sie sie dann ab, drehen Sie die Hitze herunter und kochen Sie sie eine Minute lang.

3. Nehmen Sie sie vom Herd und lassen Sie sie 14 Minuten lang bedeckt, dann spülen Sie sie eine Minute lang unter fließend kaltem Wasser.

4. Brechen Sie die Eierschalen auf und schälen Sie sie vorsichtig unter fließend kaltem Wasser. Trocknen Sie sie dann vorsichtig mit Papiertüchern ab.

5. Die Eier der Länge nach halbieren, das Eigelb in eine mittelgroße Schüssel geben und das Eiweiß auf eine Servierplatte legen.

6. Das Eigelb mit einer Gabel zu feinen Streuseln zerdrücken, dann den Joghurt und das Fischöl hinzugeben. Gut mischen.

7. Gehäufte Teelöffel der Eigelbmischung in die Mulden der Eihälften füllen, dann mit Chiasamen bestreuen und servieren.

In Honig geröstete Kichererbsen

Kichererbsen werden weltweit in vielen Kulturen verwendet. Wie Sie in diesem Buch gesehen haben, verwende ich in meinen Rezepten auch hauptsächlich Kichererbsenmehl. Das liegt daran, dass es glutenfrei ist und eine gute Portion Protein und Ballaststoffe liefert. Neben seinen vielen gesundheitlichen Vorteilen ist es sehr vielseitig und lecker. Ich habe diese Leckerchen eigens für das Training entwickelt, weil man sie problemlos in die Tasche stecken kann. Hunde lieben sie – sie sind ein großartiger Snack für Hund und Mensch, dem man nur schwer widerstehen kann. Die Mischung aus herzhaft und süß macht sie zu einem Genuss!

Zutaten:

- 400 g Dose Kichererbsen (Kicherbohnen) oder 200 g gekochte Kichererbsen
- 1 TL Zimt
- 2 TL Kokosöl, flüssig
- 1 EL Honig

Vorbereitungszeit:
60 Minuten

Portionen:
12 – 24

Ausstattung:
Backblech, 2 kleine Rührschüsseln, Rührlöffel, Papiertücher, luftdichter Behälter

Zubereitung:

1. Backofen auf 175 °C vorheizen.

2. Die Kichererbsen abtropfen lassen und gut abspülen, dann mit Küchenpapier trocken tupfen.

3. In einer kleinen Schüssel Kokosöl und Zimt vermischen.

4. Die Kichererbsen in die Schüssel geben und umrühren, bis sie gut bedeckt sind.

5. Die Kichererbsen auf einem Backblech verteilen und 35 – 40 Minuten lang backen, oder bis sie knusprig und in der Mitte nicht mehr weich sind. (Ich schüttle das Blech alle 10 Minuten.)

6. Die heißen Kichererbsen in eine kleine Schüssel geben und mit Honig bestreichen und gleichmäßig vermischen.

7. Verteilen Sie sie wieder auf dem Backblech und lassen Sie sie trocknen und abkühlen.

8. Bewahren Sie sie in einem luftdichten Behälter bei Raumtemperatur auf.

Flippiger Fisch

Dieses Rezept war ursprünglich für Katzen gedacht, aber dann stellte sich heraus, dass auch Hunde darauf abfahren! Seltsamerweise macht die enthaltene Katzenminze Katzen verrückt, aber sie beruhigt Hunde. Flippig, oder?

Vorbereitungszeit:
10 Minuten

Portionen:
6 – 10

Ausstattung:
Ziploc-Beutel

Zutaten:
* 340 g getrocknete Sardellen (ungesalzen)
* 20 g Katzenminze, fein gehackt

Zubereitung:
1. Füllen Sie die Sardellen und die Katzenminze in den Ziploc-Beutel.
2. Gut schütteln, bis die Katzenminze alle Sardellen berührt.
3. Den Beutel verschließen und nach Bedarf genießen!

Hundefreundliche, klassische Erdnussbutterkekse

Ihr Hund wird diese supereinfachen Erdnussbutterkekse lieben. Sie sind voller Erdnussbuttergeschmack, mit der perfekten Balance zwischen salzig und süß und einer wunderbar knusprigen Textur, die auf der Zunge zergeht. Dieser Keks ist aus gutem Grund ein Klassiker!

Vorbereitungszeit:
30 Minuten

Portionen:
32

Ausstattung:
Rührschüssel, elektrischer Hand- oder Standmixer, Gabel, Backblech

Zutaten:

- 100 g zuckerfreie Erdnussbutter (nur gemahlene Erdnüsse und Öl)
- 1 EL Honig
- 1 Ei
- 250 ml Wasser
- 400 g Kichererbsenmehl

Zubereitung:

1. Ofen auf 190°C vorheizen
2. Erdnussbutter, Wasser, Honig und Ei in einer Schüssel schaumig rühren.
3. Rühren Sie das Mehl ein, bis Sie einen Mürbteig erhalten. Der Teig sollte nicht an den Fingern kleben. Falls doch, Mehl nach Bedarf hinzufügen.
4. Rollen Sie den Teig in Kugeln von etwa 2,5 cm Durchmesser und legen Sie sie auf ein Backblech.

5. Drücken Sie jede Kugel mit einer Gabel flach, sodass ein kreuz und quer verlaufendes Muster entsteht.

6. Backen Sie sie etwa 10 – 12 Minuten oder bis die Kekse anfangen zu bräunen.

7. Abkühlen lassen und dann genießen!

Doppelter Johannisbrotkuchen

Dies ist einer der geschmackreichsten Kuchen in diesem Buch. Es verkörpert wirklich das Schöne eines Schokoladenkuchens … ohne Schokolade! Dieses Rezept kann auch als Cupcakes zubereitet werden!

Vorbereitungszeit:
30 Minuten

Portionen:
6 – 12

Ausstattung:
2 Rührschüsseln, elektrischer Hand- oder Standmixer, runde Kuchenform, Rührlöffel

Zutaten:

- 130 g Mehl
- 50 g Kokosfett
- 150 g Honig
- 120 ml Wasser
- 1 TL Backpulver
- 30 g Johannisbrotkernmehl
- 1 Ei

Für die Glasur:

- 450 g griechischer Naturjoghurt
- 30 g Johannisbrotkernmehl

Zubereitung:

1. Ofen auf 175°C vorheizen.

2. Kombinieren Sie die trockenen Zutaten (außer dem Johannisbrotkernmehl) in einer Edelstahlschüssel und fügen Sie dann das Kokosöl und Wasser hinzu.

3. Beginnen Sie mit Ihrem Mixer bei Geschwindigkeit 1 zu mischen, erhöhen Sie dann auf Geschwindigkeit 2 und rühren Sie eine Minute lang.

4. Geben Sie das Ei und 30 g Johannisbrotkernmehl in die Schüssel und erhöhen Sie den Mixer für etwa 30 Sekunden auf Stufe 3.

5. Schalten Sie auf Geschwindigkeit 4 und schlagen Sie die Mischung etwa 1 Minute lang oder bis sie vollständig glatt und gleichmäßig gemischt ist.

6. Geben Sie den Teig in eine gefettete runde Backform.

7. 30–35 Minuten lang backen und Zahnstocherprobe machen.

8. Aus dem Ofen nehmen und abkühlen lassen.

Für die Glasur:

1. Mischen Sie in einer kleinen Schüssel den griechischen Joghurt und 30 g Johannisbrotkernmehl.

2. Rühren Sie von Hand, bis Sie Glasurtextur erreicht haben.

3. Auf dem abgekühlten Kuchen verteilen.

Einfaches Frozen-Yogurt-Rezept

Zutaten:

- 900 g Naturjoghurt
- 150 g Honig

Vorbereitungszeit:
3 Stunden

Portionen:
4 – 8

Ausstattung:
Rührschüssel aus Stahl, Rührlöffel

Zubereitung:

1. Mischen Sie in einer großen Metallschüssel Joghurt und Honig.

2. Rühren Sie die Mischung um, bis sie sich gründlich vermischt hat.

3. Dies ist der wichtigste Schritt. Wichtig ist, dass sich der Honig gut vermischt, denn das hält den gefrorenen Joghurt weich.

4. Decken Sie die Schüssel ab und stellen Sie sie in den Gefrierschrank.

5. Lassen Sie die Masse über Nacht einfrieren.

6. Mit einem Eisportionierer Kugeln formen und servieren!

Brezel mit Grünkohl

Brezel sind in Maryland, wo ich lebe, sehr verbreitet. Sie sind wahrscheinlich einer der am häufigsten konsumierten Snacks in dieser Region und zählen quasi zu meinen Grundnahrungsmitteln. Dies hier ist ein glutenfreies Rezept mit den zusätzlichen Superkräften von Grünkohl. Geruch und Geschmack sind für die meisten Hunde unwiderstehlich. Sie sind ein tolle Belohnung nach einem Tag, an dem sie ein braver Hund gewesen sind.

Vorbereitungszeit:
40 Minuten

Portionen:
10 – 12

Ausstattung:
2 Rührschüsseln, Backblech, Pinsel, Rührlöffel (bevorzugt aus Holz), Pergamentpapier oder Silikonbackmatte

Zutaten:

- 350 ml Wasser, handwarm
- 1 Pk Trocken- oder Instanthefe (2 TL)
- 2 EL gehackter Grünkohl
- 1 EL Honig
- 500 g Kichererbsenmehl plus ein wenig mehr für die Arbeitsfläche
- 2 EL Backpulver
- 1 Ei

Zubereitung:

1. Ofen auf 200°C vorheizen.
2. Honig und Wasser in einer Schüssel verquirlen.
3. Geben Sie löffelweise langsam 400 g des Mehls in die Schüssel dazu.

4. Geben Sie das Backpulver in die Schüssel und mischen Sie die Masse mit einem Holzlöffel (oder in der Küchenmaschine mit einem Knethaken), bis der Teig dickflüssig ist. Fügen Sie etwas mehr Mehl hinzu, solange, bis der Teig nicht mehr klebrig ist.

5. Den Teig auf eine bemehlte Fläche geben. 3 Minuten lang kneten. Zu einer Kugel formen.

6. Teig zurück in die Schüssel geben, Grünkohl hinzufügen. Den Teig weiter kneten, bis der Grünkohl gleichmäßig verteilt ist.

7. Teigstücke mit je 55 g abnehmen und zu kleineren Teigkugeln rollen.

8. Legen Sie Ihr Backblech mit Pergamentpapier oder einer Silikon-Backmatte[27] aus.

9. Rollen Sie jede Teigkugel zu einem 30 – 35 cm langen Strang. Nehmen Sie die Enden und ziehen Sie sie zusammen, wie um einen Kreis zu bilden.

10. Drehen Sie die Enden, bringen Sie sie dann zu sich und drücken Sie sie in eine Brezelform. Wiederholen Sie diesen Schritt, bis Sie Ihre Pfanne gefüllt haben.

11. In einer kleinen Schüssel das Ei verquirlen. Dann die Brezeln mit der Eiermasse bestreichen.

12. Backen Sie sie für 12 – 15 Minuten oder bis sie goldbraun sind.

13. Lassen Sie sie vor dem Servieren abkühlen.

---

27 Silikon-Backmatten sind Pergamentpapier entschieden vorzuziehen, da die Ränder des Papiers verbrennen oder kleben können. Falls Sie Pergamentpapier verwenden, sprühen Sie es vor dem Backen leicht mit Kokosölspray ein.

Wackelpudding

Wenn ich an eine lustige Zwischenmahlzeit denke, fällt mir immer Wackelpudding ein! Was die meisten von uns nicht wissen, ist, dass die Hauptzutat in Wackelpudding für Hunde mit Gelenkproblemen bestens geeignet ist. Geben Sie ihnen jeden Tag ein wenig Wackelpudding, um die Gelenke zu schmieren!

Vorbereitungszeit:
15 Minuten

Portionen:
2–4

Ausstattung:
0 x 20 cm Glasschale, Rührschüssel aus Glas, Kochtopf

Zutaten:

* 1 l Kokoswasser
* 2 Blatt (7 g) nicht aromatisierte Gelatine
* 1 Tasse Lieblingsobst Ihres Hundes, falls gewünscht (Heidi mochte Bananen und Heidelbeeren)

Zubereitung:

1. Geben Sie ¼ l Kokosnusswasser in eine Glasschüssel und bröckeln Sie die Gelatine hinein.
2. In einem Topf das restliche Kokoswasser zum Kochen bringen.
3. Gießen Sie das kochende Wasser über die Gelatine-Wasser-Mischung und rühren Sie, bis sich die Gelatine vollständig aufgelöst hat.
4. Gießen Sie die Mischung in eine 20 x 20 cm große Glasschale und fügen Sie die Früchte hinzu.
5. 4 Stunden im Kühlschrank abkühlen lassen.
6. In Quadrate schneiden und servieren.

Süßkartoffelpommes

Diese knusprigen Köstlichkeiten sind super für Herz und Verdauungssystem. Verwenden Sie sie als Trainingsleckerbissen, und sei es als Belohnung dafür, dass Ihr Wuffel nicht auf den Boden gepinkelt hat. Was auch immer der Anlass ist – Süßkartoffelpommes haben immer Saison!

Vorbereitungszeit:
4 Stunden

Portionen:
10

Ausstattung:
Blech, Kochmesser, Pergamentpapier

Wollen Sie mal etwas Cooles ausprobieren? Dann probieren Sie es anstatt mit Süßkartoffeln doch stattdessen einmal mit **Banane** oder **grünen Bohnen**!

Zutaten:

* 2 große Süßkartoffeln

Zubereitung:

1. Ofen auf 80 – 85 °C vorheizen.
2. Die Süßkartoffeln längs halbieren, dann nochmals auf ca. 1,5 – 3 cm dicke Sticks. Für kleinere Hunde schneiden Sie die Süßkartoffeln in Scheiben, für größere der Länge nach. (Wegen Zeit sparen, siehe Kommentar nächste Seite). Hier können Sie einen Blick auf meine Scheiben werfen. Sie schrumpfen während des Garvorgangs, wenn Sie sie also dünner schneiden, sind sie schneller gar.
3. Legen Sie Ihr Backblech mit Pergamentpapier aus und legen Sie die Süßkartoffelstücke gleichmäßig darauf.
4. 3 – 4 Stunden backen und regelmäßig kontrollieren. Wenn Sie zähere Pommes möchten, lassen sie diese kürzer im Ofen. Für knusprige Pommes backen Sie sie länger (aber verbrennen Sie sie nicht).
5. Vom Herd nehmen und vor dem Servieren abkühlen lassen.

Joghurtparfait

Wie startet man am besten in den Tag? Mit einem gesunden und leckeren Joghurtparfait! Für diejenigen unter Ihnen, die Ihren Hund zweimal täglich füttern: Ersetzen Sie die erste Mahlzeit durch dieses erstaunliche Gericht und bringen damit die guten Bakterien wieder ins Verdauungssystem!

Vorbereitungszeit:
10 Mintuen

Portionen:
1–2

Ausstattung:
Rührschüssel,
kleine Glasschale

Zutaten:

* einfacher griechischer Joghurt
* Haferflocken
* geschnittene Banane
* gemischte Beeren (Heidelbeeren und Erdbeeren)
* Leinsamen

Je nach Größe Ihres Hundes können die Zutatenangaben variieren. Verwenden Sie für einen kleinen Hund etwa 60 g Joghurt für das gesamte Rezept. Beginnen Sie bei einem größeren Hund mit 250 g.

Zubereitung:

1. Zutaten schichtweise in eine kleine Schüssel geben, beginnend mit dem Joghurt.

2. Fügen Sie eine Schicht Obst und dann eine weitere Schicht Joghurt hinzu. (Sie können zwei Schichten machen oder noch eine dritte hinzufügen.)

3. Fügen Sie als letzte Schicht eine Fruchtschicht hinzu und streuen Sie dann einige Leinsamen darüber.

4. Viel Spaß!

Halloween-Erdnussbutter-Cups

Ich würde sagen, dass von allen Halloween-Süßigkeiten die Peanut Butter Cups die besten sind. Ich weiß genau, warum Kinder alle anderen Süßigkeiten gegen diese Cups eintauschen würden. Die Kombination von Mundgefühl und Aromen ist unübertroffen. Ihr Hund wird das genauso sehen. Wenn Sie eine Halloween-Party schmeißen, sind sie ein Muss!

Vorbereitungszeit:
20 Minuten

Portionen:
12

Ausstattung:
Backblech, Mini-Papierförmchen, Rührschüssel, Pfannenwender oder kleiner Löffel

Zutaten:

- 200 g ungesüßtes Johannisbrotpulver
- 350 ml Kokosöl
- 220 g Erdnussbutter (ohne Zucker oder Xylit, nur gemahlene Erdnüsse und Öl)

Zubereitung:

1. In einem kleinen Topf das Kokosfett bei schwacher Hitze schmelzen, bis es sich verflüssigt, dann vom Herd nehmen.

2. Das Johannisbrotpulver in eine kleine Schüssel geben. Kokosöl langsam einrühren, bis alles gut vermischt ist und wie geschmolzene Schokolade aussieht. Mischung beiseitestellen.

3. 18 Mini-Backförmchen aus Papier auf ein Backblech stellen.

4. Pro Förmchen je einen Teelöffel geschmolzene Johannisbrotmischung einfüllen. Mit einem schmalen Spatel oder einen kleinen Löffel leicht an

den Seiten jedes Förmchens verteilen, sicherstellen, dass die Förmchen unten eben aufliegen.

5. Etwa 15 – 20 Minuten bei Raumtemperatur abkühlen lassen, bis sie größtenteils fest sind.

6. Erdnussbutter in einen Gefrierbeutel geben.

7. Eine Ecke des Gefrierbeutels abschneiden und je einen Teelöffel Erdnussbutter in die Mitte jedes Förmchens spritzen.

8. Drücken Sie mit einem ganz leicht angefeuchteten Finger auf die Erdnussbutter, um sie flach und gleichmäßig zu machen, aber lassen Sie etwas Platz zwischen der Erdnussbutter und dem Rand des Pappbechers (Sie sollten einen Ring aus Johannisbrot sehen können, der unter der Erdnussbutter hervorschaut).

9. Nun je einen weiteren Teelöffel der Johannisbrotmischung auf die Oberseite jedes Cups geben. Mit einem Pfannenwender oder einen kleinen Löffel gleichmäßig über die Oberseite und an den Seiten der Förmchen verteilen.

10. Kaltstellen, bis die Cups fest sind (etwa 30 Minuten).

Kürbispastetchen

Dieses Rezept ist meine Version der Moon-Pies, die wir als Kinder alle geliebt haben *(mit Marshmallowmasse gefüllte Vollkornkekse, Anm. d. Übers.)*. Mit Kürbis gefüllt sind sie sie eine großartige Quelle an Ballaststoffe und Antioxidantien!

Vorbereitungszeit:
35 Minuten

Portionen:
12

Ausstattung:
Backblech, Pinsel, 2 Rührschüsseln, Rührlöffel, runde Ausstecher mit 10 oder 15 cm Durchmesser, Teelöffel, Gabel, Pergamentpapier oder Silikonbackmatte

Zutaten:

* 1 Dose Kürbisfleisch oder 450 g frischer Kürbis
* 80 g Honig
* 250 ml Wasser
* 400 g Kichererbsenmehl
* 2 Eier

Zubereitung:

1. Ofen auf 175°C vorheizen.
2. In einer kleinen Schüssel Wasser, 1 Ei und Honig verquirlen.
3. Langsam etwa drei Viertel des Mehls einrühren (Rest zur Seite stellen). Rühren, bis die Mischung eine Teigkonsistenz erreicht. Wenn der Teig noch an den Fingern klebt, etwas mehr Mehl hinzufügen.
4. Den Teig zu einer Kugel formen.

5. Mit dem übrigen Mehl die Arbeitsfläche bestäuben.

6. Teigkugel auf der bemehlten Arbeitsfläche mit einem Nudelholz auf etwa 3 mm Dicke ausrollen.

7. Mit einer runden Form von 15 cm zwölf Kreise ausstechen. (Falls Sie eine Form mit 10 cm Durchmesser nehmen, ergibt dies mehr Kekse.)

8. Legen Sie Ihr Backblech mit Pergamentpapier oder der Silikonmatte aus.

9. Legen Sie die Kreise auf das Backblech und geben Sie mit einem Teelöffel je einen gestrichenen Löffel Kürbis in die Mitte jedes Kreises.

10. Klappen Sie die Kreise in der Mitte zusammen, sodass sie aussehen wie Tacos, die auf der Seite liegen.

11. Drücken Sie mit einer Gabel die Ränder ein, um sie zu verschließen.
12. In einer kleinen Schüssel das andere Ei verquirlen und die Pasteten mit der Eimischung bestreichen.
13. Backen Sie die Pasteten für 15 Minuten oder bis sie goldbraun sind.
14. Abkühlen lassen und servieren.

Hausgemachte Hühnchen- oder Beef Jerky Belohnungen für Hunde

Nur für den Fall, dass Sie es noch nicht wussten: Es ist wirklich einfach, getrocknete (gedörrte) Leckereien selbst zuzubereiten. Hunde lieben sie, und diese hier sind aus mehreren Gründen einfach großartig. Sowohl Welpen als auch erwachsene Hunde kauen gerne, und diese Snacks nehmen mehr Zeit zum Fressen in Anspruch als die keksartigen Leckereien. Wie üblich sind Leckereien aber nur Leckereien und sollten nicht als Ersatz für Mahlzeiten verwendet werden. Die meisten Leute nutzen einen Dörrautomaten, um diese Art von Leckereien zuzubereiten, aber ein Backofen tut es ganz genauso. Um Fleisch zu Hause sicher zu dehydrieren, muss es durchgegart werden. Geflügel braucht dabei eine Kerntemperatur von 75°C, Rind und Fisch 60–65°C. Einige Dörrautomaten besitzen eine „Fleisch"-Einstellung oder einen Temperaturregler, um diese Temperaturen sicherzustellen. Da Ihr ganz normaler Backofen möglicherweise nicht über eine solche verfügt, halten Sie sich einfach die Temperaturangaben in den Rezepten.

Zutaten:
Bei der Herstellung von Chicken Jerky verwende ich zarte Hähnchenbrustkoteletts, aber Sie können auch knochenlose, hautlose Hähnchenbrust verwenden. Achten Sie darauf, jegliches Fett abzuschneiden und die Brüste mit der Faser in 3 bis 9 mm breite Streifen zu schneiden. Dasselbe gilt für Rinderleber. Hähnchenstreifen trocknen üblicherweise schneller als etwa Leber oder Schweineohren. Diese Methode funktioniert für alle Varianten, aber bei auf Hühnchen und Schweineohren sollte man besser aufpassen.

Vorbereitungszeit:
3–6

Portionen:
10–12

Ausstattung:
Dörrautomat oder normaler Backofen, Kochmesser, Blech, Pergamentpapier

Zubereitung:

1. Ofen auf 85°C vorheizen.

2. Legen Sie Ihr Fleisch auf den Dörrschalen des Automaten aus. Falls Sie einen Ofen verwenden, legen Sie das Backblech mit Pergamentpapier aus und geben Sie die Fleischstreifen auf das Backblech.

3. Trocknen Sie das Fleisch für 3 – 12 Stunden. Je dicker Ihre Streifen sind, desto mehr Zeit werden sie benötigen. Die Mitte sollte trocken und feuchtigkeitsfrei sein und eine leicht bräunliche Farbe haben.

4. Um sicherzustellen, dass alle Bakterien ausgekocht wurden und Ihre selbstgemachten Hundeleckereien unbedenklich verzehrt werden können, drehen Sie den Ofen in den letzten 10 Minuten auf 135°C hoch.

Geheimtipp! Wenn Sie einen kleineren, älteren Hund mit weniger Zähnen haben, können Sie für diesen Leckerbissen sein Hundefutter aus der Dose verwenden. Die Konserven in einen Spritzbeutel füllen und auf das Backblech spritzen.

Kürbis-Frozen Yogurt

Zutaten:

- 900 g Naturjoghurt
- 1 Dose Kürbisfleisch (echter Kürbis, keine Kürbiskuchenfüllung!)
- 150 g Honig

Vorbereitungszeit:
3 Stunden

Portionen:
4–8

Ausstattung:
Rührschüssel aus Stahl, Rührlöffel

Zubereitung:

1. Mischen Sie in einer großen Metallschüssel Joghurt, Honig und Kürbis.
2. Rühren Sie die Mischung um, bis sie sich gründlich vermischt hat. Dies ist der wichtigste Schritt. Sorgen Sie dafür, dass der Honig gut untergemischt ist, denn er hält den gefrorenen Joghurt weich.
3. Decken Sie die Schüssel ab und stellen Sie sie in den Gefrierschrank, damit die Mischung über Nacht gefrieren kann.
4. Kugeln formen und servieren!

Beeren-Joghurteis

Zutaten:
- 900 g Naturjoghurt
- 450 g gefrorene gemischte Beeren
- 200 g Honig

Vorbereitungszeit:
3 Stunden

Portionen:
4–8

Ausstattung:
Rührschüssel aus Stahl, Rührlöffel, Küchenmaschine

Zubereitung:
1. Mischen Sie in einer großen Metallschüssel Joghurt und Honig. Gründlich verrühren.

2. Geben Sie die gefrorenen Beeren in die Küchenmaschine, bis sie vollständig püriert sind und eine schöne violette Farbe haben.

3. Gießen Sie den pürierten Beerenmix in die Joghurt-Honig-Masse und rühren Sie sie gründlich um.

4. Decken Sie die Schüssel ab und stellen Sie sie über Nacht in den Gefrierschrank.

5. Kugeln formen und servieren!

Erdnussbutter-Bananen-Joghurteis

Zutaten:

- 900 g Naturjoghurt
- 4 Bananen
- 220 g natürliche Erdnussbutter
- 200 g Honig

Vorbereitungszeit:
3 Stunden

Portionen:
4–8

Ausstattung:
Rührschüssel aus Stahl, Rührlöffel, Küchenmaschine

Zubereitung:

1. Bananen schälen und in der Küchenmaschine pürieren.
2. Mischen Sie in einer großen Metallschüssel Joghurt, Honig und die Bananenmischung.
3. Rühren Sie die Mischung um, bis sie sich gründlich vermischt hat, fügen Sie dann die Erdnussbutter hinzu und rühren Sie erneut um.
4. Decken Sie die Schüssel ab und stellen Sie sie über Nacht in den Gefrierschrank.
5. Kugeln formen und servieren!

Frozen Yogurt mit Speck

Zutaten:
* 900 g Naturjoghurt
* ca. 115 g salzarmer Speck
* 100 g Melasse[28]

Vorbereitungszeit:
3 Stunden

Portionen:
4 – 8

Ausstattung:
Bratpfanne, Rührschüssel aus Stahl, Rührlöffel, Kochmesser, Küchenpapier

Zubereitung:
1. Braten Sie den Speck in einer Pfanne bei mittlerer Hitze, bis er knusprig, aber nicht verbrannt ist.

2. Vom Herd nehmen, das ausgelassene Fett nicht entsorgen!

3. Nehmen Sie den Speck aus der Pfanne und trocknen Sie ihn mit einem Papiertuch ab. Sobald das Fett abgekühlt ist, gießen Sie es in eine Rührschüssel.

4. Joghurt und Melasse in die Schüssel geben und gut vermischen.

5. Den Speck in kleine Stücke schneiden und unter die Mischung heben.

6. Decken Sie die Schüssel ab und stellen Sie sie über Nacht in den Gefrierschrank.

7. In Kugeln portionieren und servieren!

28 Zuckersirup

Karottenkuchen

Zutaten:

- 300 g Melasse
- 250 g Kichererbsenmehl
- 2 TL Zimt
- 1 EL Backpulver
- 200 ml Olivenöl
- 3 Eier
- 500 g Babykarotten

Für die Glasur:

- 100 g Erdnussbutter (ohne Zucker oder Xylit)
- 500 g griechischer Joghurt

Vorbereitungszeit:
45 Minuten

Portionen:
6 – 12

Ausstattung:
2 Rührschüsseln, elektrischer Hand- oder Standmixer, Rührlöffel, runde Kuchenbackform mit 22 oder 25 cm Durchmesser oder ein Brownie-Blech, Kokosöl

Zubereitung:

1. Backofen auf 175°C vorheizen.

2. Für einen großen Kuchen eine Kuchenform mit 22- oder 25-cm Durchmesser mit Kokosöl einfetten. Verwenden Sie für Minikuchen ein Brownie-Blech.

3. Mischen Sie Melasse, Mehl, Zimt, Backpulver und Öl in einer Schüssel.

4. Mit einem elektrischen Mixer die Eier einzeln unterschlagen.

5. Rühren Sie die Karotten ein.

6. Gießen Sie den Teig in die vorbereitete Back- oder Brownieform.

7. 20 – 25 Minuten backen, dann aus dem Ofen nehmen.

Für die Glasur:

1. Erdnussbutter und Joghurt in einer Schüssel mischen.

2. Verteilen Sie die Mischung gleichmäßig auf dem/den Kuchen/Kuchen und garnieren Sie ihn mit halbierten Babykarotten.

3. Viel Spaß!

Erdbeeren im Johannisbrotmantel

Das erste Mal stellte ich diese leckeren Früchtchen für eine Werbeveranstaltung her. Unter den anderen Ausstellern war eine Frau, die gegen Schokolade allergisch war. Ihr Mann erzählte mir, dass sie Schokolade schrecklich gern mochte, aber vor über dreißig Jahren bei ihr eine Allergie dagegen festgestellt wurde. Ich versicherte ihr, dass Johannisbrot keine Reaktion hervorrufen würde, also probierte sie meine Erdbeeren. Sie brach nach einem Bissen in Tränen aus, da sie seit Jahren nicht mehr so etwas wie Schokolade geschmeckt hatte. Ich bin nicht allergisch, aber ich muss zugeben … der Geschmack davon würde auch einen Hund zum Weinen bringen!

Zutaten:
* 150 g Kokosöl
* 100 g Johannisbrotkernmehl
* 10 – 15 frische Erdbeeren
* Xanthangummipulver

Vorbereitungszeit:
20 Minuten

Portionen:
10 – 15

Ausstattung:
Kochtopf, Kühlplatte, Rührlöffel

Zubereitung:
1. Legen Sie die Kühlplatte in den Gefrierschrank und lassen Sie sie abkühlen.

2. Das Kokosöl in einen Topf geben und die Hitze auf niedrig stellen. Rühren Sie, bis es sich verflüssigt und nehmen es dann vom Herd.

3. Das Johannisbrotpulver und eine Prise Xanthan in den Topf geben und umrühren.

4. Gießen Sie die Mischung in eine kleine Schüssel.

5. Nehmen Sie die Kühlplatte aus dem Gefrierschrank und bringen Sie auch gleich Ihre Erdbeeren mit.

6. Tauchen Sie die Erdbeeren in die Johannisbrotmischung und legen Sie sie auf die kalte Platte.

7. Legen Sie die Platte für 3 Minuten in den Gefrierschrank und stellen Sie sie dann in den Kühlschrank.

8. Essen und genießen!

Mini-Käsekuchen

Käsekuchen ist etwas, das niemand je einem Hund zu fressen geben würde. Normalerweise enthält er ja riesige Mengen an Zucker und Frischkäse. Diese Version hat aber nichts davon – all die schlechten Sachen wurden durch gute Sachen ersetzt! Sie sind also bestens geeignet für eine Hundeparty!

Vorbereitungszeit:
45 Minuten

Portionen:
12

Ausstattung:
Muffinform, Nudelholz, Pinsel, Schneebesen, 2 Rührschüsseln, Rührlöffel, runder Ausstecher mit 10 cm Durchmesser, Speiseöl

Zutaten:

- 80 g Honig
- 250 ml Wasser
- 500 g Kichererbsenmehl
- 2 Eier
- 450 g griechischer Joghurt
- 225 g Tapiokastärke
- 25 gemischte Beeren
- 1 Kiwi

Zubereitung:

1. Ofen auf 175°C vorheizen.
2. In einer kleinen Schüssel Wasser, 1 Ei und Honig verquirlen.
3. Langsam etwa drei Viertel des Mehls einrühren (Rest zur Seite stellen). Rühren, bis die Mischung eine Teigkonsistenz erreicht. Wenn der Teig noch an den Fingern klebt, ungefähr eine Vierteltasse des restlichen Mehls hinzufügen.

4. Den Teig zu einer Kugel formen.

5. Mit dem übrigen Mehl die Arbeitsfläche bestäuben.

6. Teigkugel auf der bemehlten Arbeitsfläche mit einem Nudelholz auf etwa 3 mm Dicke ausrollen.

7. Mit einem runden Ausstecher 12 Kreise von etwa 10 cm Durchmesser ausstechen.

8. Muffinform mit Speiseöl einsprühen.

9. Kreise in die Muffinform legen, wie Tortenböden festdrücken (sodass Schälchen entstehen).

10. Schälchen 20 Minuten lang backen, aus dem Ofen nehmen und abkühlen lassen.

Für die Glasur:

1. In einer kleinen Schüssel Tapiokastärke und Joghurt mischen.

2. Kuchenschälchen mit der Joghurtmischung füllen.

3. Mit Früchten belegen und ½ Teelöffel Honig darüber träufeln.

4. Servieren und genießen!

Extra: Mamas Lachspastete mit Riesenchampignons (nur für Menschen!)

Wenn Weihnachten näherrückte, gab es im Monat vor dem großen Tag mit dem Familienfest schon all diese Geschenkboxen mit Süßigkeiten und gebackenen Leckereien. Natürlich haben wir unsere Liebe mit unserer Hündin geteilt – es war genau die Zeit dafür! Und außerdem liebte sie es, belohnt zu werden! Nachdem wir zu Thanksgiving schon so viel Truthahn gegessen hatten, gab es zu Weihnachten in der Regel wieder langweiligen Truthahn. Meine Mutter hatte jedoch die Idee, stattdessen Lachs für das Weihnachtsessen zu zunehmen. Gebackener Lachs war eine gesündere Alternative zum Truthahn, und Papas Hausarzt hatte ihm geraten, wegen des gesunden Fetts und Proteins mehr Fisch zu essen. Das erste Mal hat meine Mum den Lachs nur gebraten, aber dann hat sie angefangen, ein ganzes Gericht daraus zu machen: Lachspastete mit Riesenchampignons in einer Dijon-Weißweinsauce. Die arme Heidi hat davon nichts abbekommen, weil wir alles selbst aufgegessen haben und es einige Zutaten gab, die sie nicht haben durfte. Meine Mutter machte dieses Essen weiterhin jedes Jahr zu unserem Weihnachtsfest. Heidi durfte dieses Gericht nie kosten, aber hier ist das Rezept für Mamas Lachspastete, das Sie Ihrer menschlichen Familie servieren können!

Vorbereitungszeit:
45 Minuten

Portionen:
5 – 7 Personen

Ausstattung:
Auflaufform, Kochmesser, Schneidebrett, Bratpfanne oder Gusseisenpfanne

Zutaten:

- ✶ 2 EL Butter
- ✶ 1 Lauch, fein gehackt
- ✶ 2 EL Mehl
- ✶ 60 ml Sahne
- ✶ 60 ml trockener Weißwein
- ✶ ½ TL Schnittlauch, gehackt (oder getrocknet)
- ✶ 3 EL Dijon-Senf
- ✶ 1 EL frischer Estragon, gehackt
- ✶ 1 TL Salz (je nach Geschmack)
- ✶ 3 – 4 kleine Lachsfilets, ohne Haut
- ✶ 500 g Riesenchampignons
- ✶ gefrorener Fertig-Blätterteig

Zubereitung:

1. Ofen auf 175°C vorheizen.

2. Den gehackten Lauch gründlich waschen und trocknen lassen.

3. Bei mittlerer Hitze die Butter in einer Pfanne oder gusseisernen Pfanne schmelzen. Fügen Sie den Lauch hinzu und braten ihn an, bis er weich ist.

4. Das Mehl, dann die Sahne hinzugeben und die Sauce eindicken lassen.

5. Wein, Schnittlauch und Senf einrühren. Reduzieren Sie die Hitze auf eine niedrige Stufe und lassen Sie es etwa 5 Minuten köcheln.

6. Estragon zugeben und weiter köcheln lassen. Die Mischung mit Salz oder mehr Senf abschmecken.

7. Schneiden Sie den Lachs in Stücke und achten Sie darauf, alle Gräten zu entfernen.

8. Die Riesenchampignons in dünne Scheiben schneiden und beiseitelegen.

9. Wenn Sie eine gusseiserne Pfanne verwenden, drapieren Sie den Blätterteig darüber und lassen Sie die Kruste an den Seiten der Pfanne hochwandern.

10. Bedecken Sie den Teig mit den Pilzstücken und fügen Sie dann die Lachsstücke hinzu.

11. Geben Sie den Inhalt der Pfanne in die Auflaufform und legen Sie die Kruste darauf.

12. Backen Sie gemäß den Anweisungen für Blätterteig.

13. Lassen Sie das Ganze 10 – 15 Minuten abkühlen, nachdem Sie es aus dem Ofen genommen haben.

Danksagungen

Ich möchte dieses Buch meiner Mutter widmen, die mir beigebracht hat, meine kreative Seite zu lieben und auch dann an mich geglaubt hat, wenn ich selbst es nicht tat. An meinen Bruder Terry, der mir gezeigt hat, dass ich durch den Glauben an meine Vision alles erreichen kann, was ich mir vorgenommen habe. An meine Schwester Monique, die mein größter Fan ist, seit ich auf diesem Planeten weile. An meine Jungs Cade und Max, die mich für meine verrückten Ideen lieben und mir einen Sinn im Leben geben. Meredith dafür, dass sie in all dem mein Fels in der Brandung war und mich nicht für verrückt hielt, weil ich diesen Weg ging und mich so liebt, wie ich bin. Zu guter Letzt danke ich meinem Vater dafür, dass er mir bei allem, was ich tue, ein Gefühl von Stolz und unaufhaltsame Motivation vermittelt hat.

Und natürlich Greta, dass sie mich als Mittler benutzt hat, um die Welt zu einem besseren Ort für Hunde zu machen.

Ich liebe Euch ALLE!

Weitere Bücher, die Sie interessieren könnten:

Cheryl Gianfrancesco

Mehr davon!

125 Rezepte für gesunde Hundedesserts

Sie möchten Ihren Hund ab und zu gern etwas verwöhnen, machen sich aber Sorgen um Inhaltsstoffe und Kalorien der industriellen Snacks und möchten sichergehen, dass er nur Gesundes von Ihnen bekommt? Hier kommen 125 neue Inspirationen für Kekse, Riegel, Kuchen, Muffins oder gefrorene Leckereien von Carob-Erdnussbutterbällchen über Hähnchen-Käse-Kekse bis hin zu hundefreundlichen Geburtstagskuchen, die Ihr Hund garantiert lieben wird und die Sie ihm guten Gewissens gönnen können – sofern Sie sie nicht vorher selbst aufgegessen haben! Auch Besonderheiten bei ernährungssensiblen Hunden werden berücksichtigt.

Klappenbroschur, 120 Seiten, farbig
ISBN 978-3-95464-282-3
Preis: 22,00 EUR

Martina Schöps

Meine Kekse!

Rezepte für gesunde, allergenfreie Hundebelohnungen

Belohnen Sie Ihren Hund ab und zu mit etwas Leckerem? Aber natürlich! Sei es für eine besonders gute Leistung im Training oder einfach nur so zwischendurch: Kleine Extras erhöhen die Motivation und stärken die Bindung. Umso wichtiger, dass sie auch gesund sind und dem Hund nicht schaden! Dieses Buch enthält leicht nachzubackende Rezepte für abwechslungsreiche Hundekekse mit natürlichen Zutaten, die ohne Aroma-, Farb- und Zusatzstoffe auskommen und für die jeder Hund garantiert fast alles tut. Mit speziellen Rezepten für empfindliche und allergische Hunde, glutenfreie Kekse, vegetarische Kekse, Kräuter-Kekse, kleine Trainings-Leckerlis und vieles mehr.

Hardcover, 104 Seiten, durchgehend farbig
ISBN 978-3-942335-03-4
Preis: 16,00 EUR

Martina Schöps

Ein Napf, ein Teller

Kombinierte Rezepte für Hund und Mensch

Einmal kochen, zweimal genießen: Das ist die Idee dieses Kochbuchs, in dem für Mensch und Hund gemeinsam gekocht wird. Das Hundegericht ergibt sich als Beiprodukt des Menschengerichts und wird während des Kochens von ihm „abgezweigt“. So entstehen leckere, gesunde Mahlzeiten, die zwar nicht den Anspruch auf eine langfristige vollwertige Allein-Ernährung des Hundes erheben, aber für gesunde Abwechslung im Napf und leuchtende Hundeaugen sorgen!

Hardcover, 96 Seiten, durchgehend farbig
ISBN 978-3-95464-049-2
Preis: 16,00 EUR

Anja Halata & Nadine Gelhaus

Gesunder Hund mit Ayurveda

Typgerechte Haltung und Ernährung leicht gemacht

Die jahrtausendealte Lehre der Ayurveda mit ihrer Ganzheitlichkeit liefert bis heute gültiges Wissen rund um Gesundheit, Wohlbefinden,Vorbeugung und Heilung von Krankheiten. Dabei stehen typgerechte Ernährung und ein typgerechter Lebensstil im Zentrum – nichts ist für alle gleich, und das gilt auch für Hunde.

Lernen Sie mit Hilfe dieses Buchs, die Grundsituation Ihres Hundes zu bestimmen, seine Fütterung entsprechend zu gestalten und ihn typgerecht auszulasten – legen Sie so den Grundstein für ein langes und gesundes Hundeleben!

Paperback, 144 Seiten, durchgehend farbig
ISBN 978-3-95464-229-8
Preis: 18,00 EUR

Besuchen Sie unseren Shop: **www.kynos-verlag.de**

Kynos